全国农业职业技能培训教材

大黄鱼养殖技术

福建省水产技术推广总站　编

U0195554

海洋出版社

2018 年 · 北京

图书在版编目（CIP）数据

大黄鱼养殖技术/福建省水产技术推广总站编. —北京：海洋出版社，2018. 4
全国农业职业技能培训教材
ISBN 978-7-5210-0028-3

Ⅰ. ①大…　Ⅱ. ①福…　Ⅲ. ①大黄鱼-海水养殖-技术培训-教材
Ⅳ. ①S965. 322

中国版本图书馆 CIP 数据核字（2018）第 018273 号

责任编辑：朱莉萍　杨　明
责任印制：赵麟苏

海洋出版社　出版发行

http：//www. oceanpress. com. cn

北京市海淀区大慧寺路 8 号　邮编：100081
北京朝阳印刷厂有限责任公司印刷　　新华书店发行所经销
2018 年 4 月第 1 版　2018 年 4 月北京第 1 次印刷
开本：787 mm×1092 mm　1/16　印张：14. 75
字数：202 千字　定价：48. 00 元
发行部：62132549　邮购部：68038093　总编室：62114335
海洋版图书印、装错误可随时退换

农业行业国家职业标准和培训教材
编审委员会组成人员名单

主　任：曾一春

副主任：唐　珂

委　员：刘英杰　陈　萍　刘　艳　潘文博

　　　　胡乐鸣　王宗礼　王功民　彭剑良

　　　　欧阳海洪　崔利锋　金发忠　张　晔

　　　　严东权　王久臣　谢建华　朱　良

　　　　石有龙　钱洪源　陈光华　杨培生

　　　　詹慧龙　孙有恒

《大黄鱼养殖技术》编委会

主　编：林国清　叶启旺

参　编：刘招坤　王　凡　廖碧钗　林位琅

　　　　林　楠　邱西敏　吴　斌　陈庆凯

　　　　刘振勇

前　言

　　大黄鱼是我国特有的地方性海水鱼类，素有"国鱼"之称。20世纪70年代前，全国平均捕捞量达12万吨，居我国海洋四大主捕对象之首。从上世代90年代，大黄鱼经过二十多年的养殖开发，已成为我国最大规模的海水养殖鱼类和8大优势出口养殖水产品之一，在我国形成了年育苗量超20亿尾、养殖产量超15万吨、产值超百亿元的大黄鱼养殖产业（2016年），在我国海水养殖中占有重要地位。其形成的产业链带动了渔具制造、网箱织造、饵料饲料供应、技术劳务、交通运输、产品保鲜加工、内外贸易、休闲旅游、餐饮服务等诸多相关行业发展，提供了30多万劳动力就业岗位，为我国沿海渔业经济发展和渔民脱贫致富做出了突出的贡献。

　　目前，大黄鱼养殖产业已基本构建了包括产业发展规划、标准化、原良种选育、环境监测与产品质量安全检测、鱼病防控、品牌与知识产权保护、技术培训、信息和公共技术服务平台建设等工程组成的产业技术支撑体系。为促进大黄鱼养殖产业持续发展，提高从业者整体素质，本书组织长期从事大黄鱼养殖技术研究的水产技术推广人员进行编写，在原有大黄鱼养殖共性技术的基础上，针对当前养殖生产一线中最关心、最需要的问题，结合最新的大黄鱼研发成果，总结、提炼了近年来大黄鱼养殖过程中涌现的新技术、新模式、新方法、新工艺等。

　　本书主要内容涉及大黄鱼人工繁殖、网箱养殖及养殖病害防控等技术章节，共分为两篇：第一篇为专业基础知识；第二篇为职业技能知识，按内容难易分设初、中、高级部分，以满足不同职业等级职业技术鉴定的要求。本书编写内容通俗易懂，便于读者更好吸收理解，同时侧重于实际操作，具有较强实用性，可作为大黄鱼养殖农业职业技术鉴定教材使用，亦可作为大黄鱼一线养殖户、养殖企业主和基层水产科技人员生产实践的指导性工具书。

　　限于编者水平，书中难免有遗漏和错误之处，请广大读者批评指正。

编　者

2017 年 9 月 11 日

目　　录

第一篇　专业基础知识

第二篇　职业技能

第一部分　初级工技能

第二部分 中级工技能

第三部分　高级工技能

第一篇 专业基础知识

第一章　大黄鱼基础生物学

第一节　大黄鱼分类地位与地理分布

一、分类地位

大黄鱼 *Larimichthys crocea*（Richardson，1846），隶属于鲈形目（Perciformes）、石首鱼科（Sciaenidae）、黄鱼亚科（Larimichthysinae）、黄鱼属（Pseudosciaena），英文名为 Large yellow croaker。

二、地理分布

大黄鱼在福建俗称黄鱼、红瓜、黄瓜、黄瓜鱼、黄花鱼等，广东俗称红口、黄纹、金龙、黄金龙等，江、浙、沪一带俗称大鲜等。大黄鱼是中国、朝鲜、韩国和日本等北太平洋西部海域的重要经济鱼类。在中国主要分布在南海、东海和黄海南部约 60 米等深线以内狭长的沿海海域，是我国传统四大捕捞对象之一（大黄鱼、小黄鱼、带鱼、乌贼）。历史上我国大黄鱼主要的产卵场、越冬场和渔场有十多处，自北而南有黄海南部的江苏吕泗洋产卵场；东海北部的长江口-舟山外越冬场、浙江的岱衢洋产卵场；东海中部的浙江猫头洋产卵场、瓯江-闽江口外越冬场；东海南部的福建官井洋内湾性产卵场；南海北部广东珠江口以东的南澳岛-汕尾外海渔场和广东西部硇洲岛一带海域产卵场等（图 1.1）。按照其地理分布区域的不同和形态特征的差异，大致自北而南划分为岱衢族、闽-粤东族和硇洲族 3 个地理种群（徐恭昭等和田明诚等，1962）。由于不同的地理分布，大黄鱼在形态、性成熟年龄和寿命上表现出一系列地理性变异，形成不同的种群和群体。目前，学术界在对大黄鱼地理种群及其产卵群体的划分上的看法尚不一致（表 1.1）。

表 1.1　大黄鱼 3 个地理种群的主要形态和生态特征（徐恭昭等，1962）

主要特征			岱衢族	闽-粤东族	硇洲族
形态特征	鳃耙数（个）		28.52±0.03	28.02±0.03	27.39±0.05
	鳔侧枝数	左侧	29.81±0.05	30.57±0.08	31.74±0.15
		右侧	29.65±0.05	30.46±0.07	31.42±0.15
	脊椎骨数		26.00（发现脊椎骨数 27 个的个体）	25.99（未发现脊椎骨数 27 枚的个体）	25.98（未发现脊椎骨数 27 枚的个体）
	眼径/头长（%）		20.20±0.06	19.19±0.06	19.40±0.08
	尾柄高/尾柄长（%）		27.80±0.13	28.49±0.13	28.97±0.14
	体高/体长（%）		25.29±0.07	25.58±0.10	25.96±0.15
生态学特征	主要生殖鱼群		吕泗洋、岱衢洋、猫头洋	官井洋、南澳、汕尾	硇洲
	主要生殖期		春季	北部春季南部秋季	秋季
	生殖鱼群年龄组数目		17~24	8~16	7~8
	世代性成熟速度	性成熟最小年龄（龄）	2	2	1
		大量性成熟年龄（龄）	3~4	2~3	2
	寿命	生殖鱼群平均年龄（龄）	9.49	4.23	3.00
		最高年龄（龄）	29	17	9

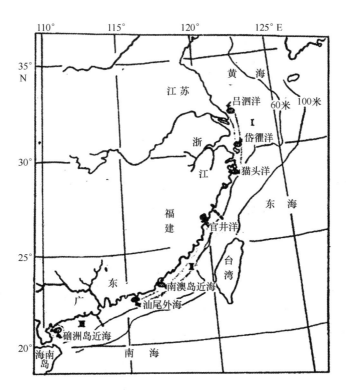

图 1.1　大黄鱼 3 个地理种群分布图（田明诚, 1962）

1. 岱衢族

包括江苏的吕泗洋、浙江的岱衢洋、猫头洋和洞头洋 4 股鱼群，以岱衢洋鱼群为代表。主要分布在黄海南部到福建崳山（东经 120°20′，北纬27°20′）以北的东海中部。这一地理种群的环境条件特点，主要是受长江等流域径流直接影响；形态特点为鳃耙数较多、鳔侧枝数较少，有脊椎骨为 27 枚的个体，眼径较大、鱼体与尾柄较高；生理特点是寿命较长、性成熟较迟。

2. 闽-粤东族

包括福建的官井洋、闽江口外和厦门及广东的南澳、汕尾等外侧海域的4股鱼群，以官井洋鱼群为代表。主要分布在福建崂山以南的东海南部与珠江口以东的南海北部之间海域。这一地理种群的环境条件特点，是直接或间接地受台湾海峡的暖流与沿岸流相互消长的影响；在形态上其鳃耙数、鳔侧枝数、眼径、体高、尾柄高等，以及生理上的寿命长短、性成熟迟早等均介于岱衢族与硇洲族之间；未发现脊椎骨为27枚的个体。

3. 硇洲族

主要为广东硇洲近海鱼群，主要分布区为珠江口以西到琼州海峡以东海域。这一地理种群的特征与这一海区在海洋条件上具有内湾性特点有关；形态特点为鳃耙数较少、鳔侧枝数较多，未发现脊椎骨为27枚的个体，眼径较小、鱼体与尾柄较高；生理上的寿命较短、性成熟较早。

第二节　大黄鱼外部形态特征

一、体形与体色

大黄鱼背面和上侧面黄褐色，下侧面和腹面金黄色，唇橘红色。体形呈纺锤形（图1.2）。

二、外部形态与构造

大黄鱼体形可分为头部、躯干部和尾部3部分（图1.3）。头部侧扁，大而尖钝；具发达的黏液腔。口大，前位，斜裂；下颌稍突出，缝合处有一瘤

图 1.2　大黄鱼

状突起。头长为吻长的 4.0~4.8 倍，为眼径的 4.0~6.0 倍。体长为体高的
3.7~4.1 倍，尾柄长约为尾柄高的 3 倍。侧线完全，侧线鳞 56~58 片；背鳍
具鳍棘 8~9 条，鳍条 27~38 条；臀鳍具鳍棘 2 根，鳍条 7~10 条；胸鳍尖长，
长于腹鳍；腹鳍较小。

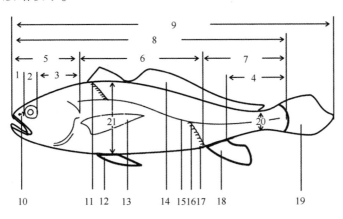

图 1.3　大黄鱼外部形态

1. 吻长；2. 眼长；3. 眼后头长；4. 尾柄长；5. 头长；6. 躯干长；

7. 尾长；8. 体长；9. 全长；10. 鼻孔；11. 侧线上鳞；12. 腹鳍；

13. 胸鳍；14. 背鳍；15. 侧线；16. 侧线下鳞；17. 肛门；18. 臀鳍；

19. 尾鳍；20. 尾柄高；21. 体高

三、大黄鱼和其他石首科鱼类的外部形态特征区别

大黄鱼与小黄鱼、棘头梅童鱼、黑鳃梅童鱼、黄唇鱼等几种石首科鱼类在外部形态特征上容易混淆，其主要区别见表1.2和图1.4。

表1.2　大黄鱼与其他易混淆石首科鱼类的鉴别

种名	背鳍D 臀鳍A	鳞式	鳃耙	主要鉴别特征
大黄鱼 *Larimichthys crocea*	D Ⅷ~Ⅸ， Ⅰ-31~32 A Ⅱ-8	$56\sim57\dfrac{8\sim9}{8}$	9+16~17	臀鳍第2鳍棘长等于或稍大于眼径；背鳍基部终点在臀鳍基部终点的后上方。尾柄长为其高的3倍多。鳔前端无侧管，鳔的侧肢31~33对。腹分支的下小支的前、后小支等长。鳃腔几乎为白色或灰色。鳞较细而多。枕骨崤不显著；椎骨26个
小黄鱼 *Larimichthys polyactis*	D Ⅸ， Ⅰ-31~32 A Ⅱ-9	$54\sim56\dfrac{5\sim6}{8}$	10+18	臀鳍第2鳍棘小于眼径；背鳍基部终点在臀鳍其尾柄高的2倍多。鳔前端无侧管，两侧有26~32对侧肢，腹分支的下小支的前小支延长，后小支短小。鳞较粗而少；鳃腔几乎为白色或灰色。枕骨崤不显著；椎骨29个
棘头梅童鱼 *Collichthys lucidus*	D Ⅷ， Ⅰ-24~25 A Ⅱ- 11~12	$49\sim50\dfrac{9\sim11}{9\sim10}$	10+17	尾柄长为尾柄高的3倍多。枕骨棘棱显著；具小锯齿。背鳍基部终点在臀鳍基部终点的正上方。为小型鱼类。鳔的侧肢21~23对。椎骨28~29个；鳞细而薄；体金黄色；鳃腔几乎全为白色或灰色

续表

种名	背鳍 D 臀鳍 A	鳞式	鳃耙	主要鉴别特征
黑鳃梅童鱼 *Collichthys niveatus*	D Ⅷ, Ⅰ-23~25 A Ⅱ- 11~12	$46\sim47\frac{8\sim9}{9\sim11}$	9+15	尾柄长为尾柄高的 3 倍多。枕骨棘棱显著；光滑，无锯齿。背鳍基部终点在臀鳍基部终点的正上方。为小型鱼类。鳔的侧肢 14~15 对；椎骨 26~27 个；鳞细而薄；体金黄色；鳃腔上部深黑色
黄唇鱼 *Bahaba flavolabiata*	D Ⅶ, Ⅰ-22~24 A Ⅱ-7	$58\sim59\frac{9\sim10}{11\sim12}$	5+13	尾柄细长；眼小，头长为眼径 6 倍；背鳍基部终点在臀鳍基部终点的后上方。枕骨嵴不显著。鳞细密；为中大型鱼类；幼鱼的体色呈黑灰色，成鱼体腹侧及腹鳍呈黄色。鳔两侧无侧肢，前端具侧管 1 对

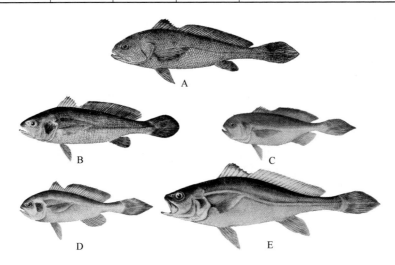

图 1.4　大黄鱼及与其易混淆的几种石首科鱼类外形图（朱元鼎等，1963）

A. 大黄鱼 *Larimichthys crocea*；B. 小黄鱼 *Larimichthys polyactis*；C. 棘头梅童鱼 *Collichthys lucidus*；

D. 黑鳃梅童鱼 *Collichthys niveatus*；E. 黄唇鱼 *Bahaba flavolabiata*

第三节 大黄鱼生态习性

一、栖息水层

大黄鱼属于中下层鱼类，一般栖息于水深 30~60 米一带海区的中下层，只有在摄食和繁殖季节追逐交配时才升至中上层。一旦突然间把大黄鱼从中下层捞至水的表层，因其体内压力骤然大于外界压力，鱼即因鳔的胀裂或胃囊被从食道处压出口外而死亡。为此，渔民间有"大黄鱼见天即死"之说。越冬期间，大黄鱼栖于 60 米等深线一带海域的底层，有时捕上的大黄鱼体表还黏附泥土。当春季水温开始回升、大黄鱼将要离开越冬场向沿岸河口洄游时，常在探鱼仪上记录到接地的伞状鱼群映像。此外，网箱养殖的大黄鱼苗种，在放流到自然海区的第 2 天，就会潜至 30 米深的中下层周边海区。

二、洄游习性

大黄鱼为典型的洄游性鱼类，具有集群洄游的习性。在我国沿海 60 米等深线以内均有分布，以长江、钱塘江、瓯江、闽江、珠江等江河注入的河口附近海域相对密集。在不同季节，大黄鱼具有明显的生殖洄游、索饵洄游与越冬洄游 3 大洄游习性。其中，以越冬洄游时聚集的鱼群最大，因此在越冬场的大黄鱼捕捞史上不乏 500 吨以上"大网头"的记录。

1. 生殖洄游

生殖洄游又称产卵洄游，是鱼体为了寻求适宜的产卵条件，保证鱼卵和幼鱼能在良好的环境中发育，常常要进行由越冬场或肥育场向产卵场的集群移动。

大黄鱼的生殖洄游主要特性：春季，随着台湾暖流与南海水等外海高温高盐水势力的增强，大黄鱼越冬鱼群开始离开越冬场，集群向北、向河口近岸海域或港湾洄游，并在那里集群产卵。在长江口外和浙江外侧海域越冬的大黄鱼先后在浙江的猫头洋、岱衢洋和江苏的吕泗洋等产卵场产卵；在闽江口及其南北临近外侧海域越冬的大黄鱼主要在官井洋及东引等闽江口附近海域的产卵场产卵；在珠江口外越冬的大黄鱼主要在南澳岛近海海域的产卵场产卵。以闽-粤东族大黄鱼的产卵过程为例：每年5月中旬至6月中旬表层水温达到18~22℃、表层盐度27.5~29时，每逢农历三十至次月初三和十五至十八的大潮汛期间，大黄鱼亲鱼就进入三都湾内的官井洋产卵场产卵。若这时降水偏多、闽江等的径流量偏大，使闽江口外的东引海域的盐度降到官井洋一般年份的盐度时，一部分或大部分的大黄鱼亲鱼就可能在东引一带海域的产卵场就近产卵，而不再进入官井洋产卵场。秋季，若遇有适宜的温度、盐度和潮流等条件时，有一部分亲鱼也可以在上述产卵场产卵。

2. 索饵洄游

索饵洄游是鱼从产卵区或越冬区游向摄食区的活动。大黄鱼产卵后的生殖群体及其稚、幼鱼均分散在产卵场附近的湾内外和河口的广阔浅海海域索饵育肥。这些海域注入的淡水往往径流量大，营养盐丰富，海淡水交汇，轮虫、桡足类、磷虾、莹虾、糠虾及其幼体和小杂鱼虾等繁生，为大黄鱼仔、稚、幼鱼和产卵后的亲鱼的索饵育肥提供了充足的天然饵料。大黄鱼的索饵洄游习性是其在长期的进化过程中，保证其种群的饵料供应与种族延续的一种适应。

3. 越冬洄游

越冬洄游指鱼类由肥育场所或习居的场所向越冬场的洄游，亦称季节洄游或适温洄游。冬季来临前，水文环境的变化，尤其是水温下降，鱼类的活动能力将降低，为了保证在寒冷的季节有适宜的栖息条件，鱼类趋向适温水域作集群性移动。

大黄鱼越冬洄游特性：秋后，随着台湾暖流与南海水的逐渐消退，以及闽浙沿岸流的增强与水温的下降，原先分散在沿岸、内湾各索饵场索饵的不同年龄、不同大小个体的大黄鱼，逐渐集群向南、向外洄游，并一路汇集越来越多的鱼群。以闽-粤东族大黄鱼为例，约于 12 月至翌年 2 月在闽江口外 40~60 米等深线附近的泥或泥沙底质的海域底层栖息越冬。据调查，其间的越冬场表层水温在 9~11℃，盐度 33；底层的温度在 12~14℃，盐度在 34 以上。每当天气转暖，越冬场一带台湾暖流和南海水等"外洋水"加强并向近岸推移时，大黄鱼的越冬鱼群就从底层起浮，在探鱼仪上便可见到密集而清晰的接底或离底的大黄鱼群超声波映像。

在岱衢洋与吕泗洋产卵场产卵后并在黄海南部至长江口一带广大海域索饵的一股较大群体的大黄鱼，入冬后一般集群洄游到长江口与舟山外侧、水深 50~80 米海域越冬。而在水温偏高的年份，有可能在偏北、偏近岸的海域越冬。历史上曾有典型案例：1972 年冬天是我国东海有名的暖冬，由此导致 1973 年该群大黄鱼在越冬前总体分布较往年偏北、偏近岸，造成 1973 年大黄鱼越冬洄游主群往北、往内移至长江口东北方与济州岛西南方的吕泗洋外侧水深 30~35 米海域越冬，完全暴露在数千对机动大围网作业探鱼仪的映像上，形成了汛产大黄鱼 25 万吨以上的有名的冬汛"中央渔场"。导致之后吕泗洋、舟山等产卵场渔场形不成渔汛。另一股在官井洋产卵并在闽东沿海索饵的大黄鱼一般洄游到闽江口外越冬，该越冬场位于东引、马祖、白犬等岛屿附近。由于过去长期以来海峡两岸的紧张关系，所有渔船不敢贸然进入，无形中形成了这股大黄鱼越冬场的"保护区"。1978 年后两岸关系开始缓和，1979 年冬至 1980 年春就有大批"机动大围网"

进入该海域捕捞越冬大黄鱼,使该汛大黄鱼的捕捞量高达 6 万吨,是历年福建省的全年平均产量的两倍,导致之后的官井洋和该渔场也形不成渔汛(图 1.5)。

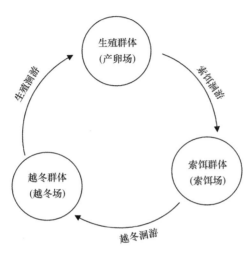

图 1.5 大黄鱼 3 种洄游特性关系

三、食性与摄食

大黄鱼为广谱肉食性鱼类,其各个生长阶段摄食的天然饵料生物达上百种,各个发育阶段摄食的饵料生物种类存在较大差异。刚开口的仔鱼以捕食轮虫和桡足类、多毛类、瓣鳃类等浮游幼体为主;稚鱼阶段主要捕食桡足类和其他小型甲壳类;50 克以下的早期幼鱼以捕食糠虾、磷虾、莹虾等小型甲壳类为主,还有各种小鱼和幼鱼,以及虾、虾蛄、蟹类等及其幼体。郑严等(1965)对浙江近海大黄鱼仔鱼、稚鱼和体长 200 毫米以下幼鱼的饵料生物种类研究结果,也达 50 种以上。

大黄鱼从稚鱼阶段起经人工驯化均可摄食人工配合饲料。养殖的大黄鱼摄食缓慢，与鲈鱼、鲷科鱼类的猛烈抢食的"场面"相比，大黄鱼大有"小姐"般的慢条斯理的"吃相"。但在密集与饥饿状态下，大黄鱼稚鱼从全长14毫米开始，就出现普遍的自相残杀现象，经常可以见到大一些的稚鱼因吞不下小一些的稚鱼而"同归于尽"——噎死。在极度饥饿状态下，甚至数百克的大黄鱼也会攻击、咬食比之个体小一些的大黄鱼。大黄鱼具有集群摄食的习性，其摄食强度与温度高低密切相关，在适温范围内水温愈高，摄食量愈大，生长也愈快。

四、生长与年龄

在水温22~25℃条件下，从初孵仔鱼长至全长30毫米的稚鱼大约需45天。1~2龄的低龄大黄鱼在自然海域的生长速度与淡水的鲢鱼相近，而同龄的大黄鱼个体间的差别较大。就各年龄段的生长速度而言，体长的增长在1龄前显得很快，从2龄开始就明显变慢；而体重的增加在6龄前均较明显（表1.3）。据报道，野生大黄鱼的最大个体体长为750毫米、体重3 800克。目前最大个体的记录，闽-粤东族的体长为610毫米，体重2 650克（12龄，1983）；岱衢族的体长为581毫米，体重2 365克（30龄，1962），均比同龄的鲢鱼要小得多。

表1.3　官井洋大黄鱼年龄与体重、体长的关系

年龄	体重（克）			体长（毫米）		
	范围	平均	龄均增重量	范围	平均	龄均增长量
1	125~400	250.45	250.45	210~300	268.6	286.6
2	175~775	487.50	237.05	240~475	342.4	73.8
3	500~1 625	804.26	316.76	340~510	405.7	63.3
4	620~1 500	1 008.23	203.97	380~545	456.2	50.5

续表

年龄	体重（克）			体长（毫米）		
	范围	平均	龄均增重量	范围	平均	龄均增长量
5	425~1 750	1 285.41	277.18	320~550	486.4	30.2
6	1 200~2 275	1 539.69	254.28	480~585	515.3	28.9
7	1 325~2 200	1 414.28	−125.41	460~575	511.4	−3.9
8	1 400~2 300	1 606.43	192.15	480~570	525.0	13.6
9	1 875~2 150	2 012.50	406.07	550~560	555.0	30.0
12	2 050~2 650	2 416.67	404.17	575~610	595.0	40.0

注：据宁德地区水产局：官井洋大黄鱼调查报告——生殖群体；1983年。

　　同年龄的大黄鱼，雌鱼的生长速度明显比雄鱼快，尤其是达到性成熟时。我国三大渔场种群的大黄鱼，以岱衢族生长最慢，但寿命最长，可高达30龄；硇洲族的生长最快，但寿命最短；闽-粤东族的生长速度与寿命居上述两者之间。大黄鱼的生长快慢同水温、饵料质量及在水体中的密度与群体大小等有关。

　　陈慧等（2007）测定、研究了闽-粤东族官井洋的养殖大黄鱼群体的形态特征与生长类型，并以 Keys 氏公式 $W = aL^b$，拟合25月龄养殖大黄鱼的体长 L（厘米）与体重 W（克）的关系式为：$W = 0.019\,5L^{2.977\,5}$（$R^2 = 0.995\,9$）（图1.6），其中 $b \approx 3$，即此生长阶段的网箱养殖大黄鱼为等速生长类型。体长 y（厘米）与养殖时间（月龄）的生长呈二次多项式关系，其回归方程为：$y = -0.025\,9x^2 + 1.712\,5x + 4.153\,4$（$R^2 = 0.989$）（图1.7）。徐恭昭等（1984）报道了官井洋野生大黄鱼春季生殖群体的体长 L（19~52厘米）与体重 W（克）之间的关系式：$W = 0.024L^{2.848}$（$n = 865$），这一结果与该研究的 a、b 值有所差异。产生上述差异的原因可能是多方面的，如两个群体摄食的饵料来源不同，在人工养殖条件下投喂饲料可使养殖群体充分摄食，满足鱼体增长增重的营养需求，而天然水域的饵料丰歉等因素则直接影响着野生群体摄食和生长。此外，还与两个群体的生活习性、生态环境、生长速度、样本个体大小及取样的时间性不同等有关。

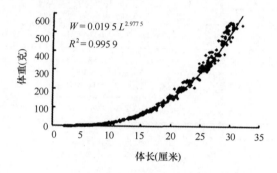

图 1.6　养殖大黄鱼体重与体长的关系（陈慧等，2007）

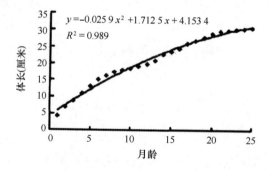

图 1.7　养殖大黄鱼体长生长曲线（陈慧等，2007）

第二章　大黄鱼繁殖基本知识

第一节　大黄鱼性腺发育

一、性成熟与生长

大黄鱼需达到一定的年龄才能达到性成熟。岱衢族的大黄鱼2龄开始性成熟，大量性成熟的大黄鱼为3~4龄；硇洲族的大黄鱼1龄时便开始成熟，大量性成熟为2~3龄；闽-粤东族大黄鱼于2龄开始性成熟，大量性成熟的为2~3龄。雄鱼性成熟的年龄比雌鱼小。岱衢族大黄鱼开始性成熟的最小个体：雌鱼体长220~240毫米，体重（纯重）约200克，雄鱼体长200~220毫米，体重约150克；大量性成熟的雌鱼体长在280毫米左右，体重在300克左右，雄鱼体长在250毫米左右，体重200克左右；全部性成熟的雌鱼体长约310毫米、体重约400克。雄鱼体长270~280毫米，体重约300克。大黄鱼性成熟虽同年龄有关，但研究表明，与生长有着更加直接的关系。生长快、个体大的大黄鱼，性成熟也早；反之，就是3~4龄的大黄鱼，若生长不好，体质差，性腺也不会成熟。据吴鹤洲（1965）对浙江岱衢洋大黄鱼的研究表明，性成熟在不同世代之间也存在着较大的差异。同是2龄鱼，1959年世代中仅有6%的个体开始性成熟，而1960年与1963年世代中，则分别有33%和35%的个体开始性成熟。他的研究还表明，决定大黄鱼性成熟的因子，除了与生长有关外，还与越冬条件、水温、光照、饵料、体内脂肪含量等外界环境条件及大黄鱼的生殖、生理状况等综合因子有关。除此之外，开始性成熟的年龄组成还与种群的资源状况有关。资源一旦被破坏，大黄鱼性成熟的年龄就会相应提前。

人工养殖大黄鱼的性成熟要比自然海域野生大黄鱼的早。闽东地区网箱养殖的闽-粤东族大黄鱼在良好的饲养条件下，大量性成熟的雄鱼为1龄，雌鱼为2龄。在大黄鱼自然种群的生殖群体中，雌鱼所占比例很小，1959年在浙江岱衢洋繁殖的大黄鱼雌鱼仅占生殖群体的29.1%。1957—1983年调查的在福建官井洋繁殖的大黄鱼群体中，雌鱼所占比例在14.33%~40%。然而，大黄鱼人工繁殖的实践表明，雌雄亲鱼最佳的比例为2：1。自然种群繁殖中雄鱼数量占绝对优势的特点是大黄鱼在进化过程中，为保证其群体在海域急流中排出的卵细胞能得到足够数量的精子、获得较高受精率以延续种群的一种适应属性。岱衢族大黄鱼的绝对怀卵量范围为7万~141.3万粒，平均47.6万粒，一般20万~50万粒；官井洋大黄鱼的怀卵量范围为2.3万~37.5万粒。150~350克的大黄鱼个体怀卵量为20.6万粒，540克以上高达30.5万粒。

二、影响性成熟的因素

鱼类生长的好坏直接与性成熟有关，决定其性成熟的因素是很复杂的，包括鱼类本身以及外界环境等多方面的因素。在鱼类性腺发育过程中，在体内是受到内分泌腺分泌的控制，而内分泌腺的分泌作用又受到神经的管制；在体外，则受到环境因素的影响；内在和外在的因素是互相联系互相制约的。在大黄鱼等鱼类人工繁殖控制方面，要运用此规律提出有效的措施。

对大黄鱼性成熟的主要影响环境因素有：

1. 饵料

饵料充足的条件下，由于生长强度大，鱼类会较快的达到初次性成熟，并会有较大的怀卵量。相反，当环境发生显著的变化，如饵料不足或紧缺的情况下，鱼类生长缓慢，其初次性成熟的年龄就会推迟，怀卵量也会减少。养殖的大黄鱼由于饵料供应充足，其初次性成熟年龄相对野生大黄鱼要提高半年至一年。因此，要取得性腺发育良好的亲鱼的关键是亲鱼培育，要保证亲鱼获得充分的饵料。

2. 温度

同一种鱼，当生长在不同的温度地区，其成熟年龄也有一定的差异。一般来说，生长在平均温度高的水域，性成熟比较早。通常南方地区的鱼要比北方地区的早熟1~2年，如南海的大黄鱼，达到性成熟的最小个体仅为1龄，而浙江沿海的大黄鱼开始性成熟的年龄为2~5龄（多数为3龄）。在鱼类繁殖过程中最明显的温度关系是鱼类产卵的温度阈，每种鱼在某一地区开始产卵的温度是一定的，一般低于这一温度时就不能产卵。

3. 光照

光照时间的长短对鱼类卵细胞的发育成熟有着密切关系。光照对性腺的作用是通过脑垂体的分泌而引起的。一般通过控制光照强度和光照时间可有效地促进或抑制鱼类的性腺发育。此外，许多鱼类都是在昼夜交接的清晨或傍晚开始产卵，也可以说明光线与产卵行为的密切关系，如大黄鱼的产卵时间一般在凌晨左右。

4. 其他

影响鱼类性成熟的环境因素除了以上几点外，水的盐度、水流速度、水质、透明度等条件，有时对性腺发育也是十分必需的。各种促进鱼类性成熟的环境因素，对鱼类的作用并非单一的，而是若干因素的综合作用。

三、大黄鱼性腺发育过程

大黄鱼生殖细胞的形态发生和性腺发育，与一般硬骨鱼类一样，都要经过增殖期、生长期和成熟期等阶段。林丹军等（1992）研究表明，人工培育的大黄鱼，于30日龄稚鱼时即出现1对生殖嵴悬挂在鳔管下方的体腔膜基部；大约60日龄时迁入原始生殖细胞（PGCs）（图2.1-1）；4月龄起开始性分化成卵原细胞和精原细胞。大黄鱼生殖细胞的形态发生和性腺发育，要经过增殖期、生长期和成熟期等阶段。

1. 卵巢发育与分期

鱼类卵巢成熟度的划分有目测法、组织学测定法、成熟系数测定法和卵径测定法等不同方法。依据性腺的体积、色泽、卵子的成熟与否等标准，一般可分为 Ⅰ ~ Ⅵ 6个时期，在不同种类间，划分的标准稍有差别。除分批产卵类型卵巢中存在各个时间的卵母细胞外，一次性产卵类型的卵巢在产卵后或成熟退化后一般从第Ⅱ期开始发育。

在进行卵巢分期的实际观察中，有时会发现它介于相邻两期之间，可用两期数序间加破折号，把比较接近的那一期写在前面的方法表示。

卵巢的成熟度除按时期进行划分和表示外，成熟系数也是衡量性腺发育的一个标志，性腺的重量是表示性腺发育程度的重要指标，以性腺重量和鱼体重量相比求出百分比，即为成熟系数，其计数公式为：

$$成熟系数 = \frac{性腺重量}{去内脏后的体重} \times 100$$

一般来讲，成熟系数越高，性腺发育越好。成熟系数的周年变化能清楚地反映出性成熟的程度。

鱼类的产卵类型可分为一次性产卵类型和分批产卵类型两种。一次性产卵类型的卵巢只存在 1 个时相的卵母细胞，而分批产卵类型的卵巢则多个时相的卵母细胞同时存在。

大黄鱼的产卵类型属于多次产卵类型（刘家富，2013）。大黄鱼卵巢为长囊状结构，结缔组织向内分隔形成许多产卵板，卵子在产卵板上生长发育。根据卵子发生的细胞学特点和性腺的解剖观察，分别划分为 6 个时相和 6 个发育期。

Ⅰ期卵巢：卵巢呈透明细丝状，紧贴在鳔下两侧的体腔膜上，性腺表面无血管或血管甚细。外观难以辨别雌雄。卵巢腔出现，卵原细胞分散在卵巢基质中，为第Ⅰ时相卵（图 2.1-2）。细胞呈圆形或椭圆形。胞径 13~20.8 微米，细胞质薄，强嗜碱性。核大，直径 8.21~13.5 微米，核膜明显，核质网状，其中可见 1~2 个核仁。

Ⅱ期卵巢：卵巢呈浅红肉色扁带状，内侧可见血管分布，肉眼看不清卵粒。卵巢中产卵板形成。卵原细胞停止增殖并进入小生长期，形成初级卵母细胞，即第Ⅱ时相卵，其胞径 33.8×41.6~78.0×99.8 微米，核径 18.2~57.2 微米，原生质增长迅速，核略有增大，在细胞质中常可见到 1~2 个着色很深的核仁样体（图 2.1-3 和图 2.1-4）。细胞核透亮，核质稀疏，沿着核膜内缘分布着许多核仁。在第Ⅱ时相末期，细胞质出现分层现象。首先，在细胞质内出现一着色深的网状样窄环（图 2.1-5 和图 2.1-6）。将细胞质分为内外两层，以后内层逐渐扩大，颗粒变粗，着色渐深，外层变薄，最后消失。

Ⅲ期卵巢：卵巢体积逐渐增大，透过卵巢壁可见细小的卵粒。初级卵母细胞进入大生长期，开始累积营养，为第Ⅲ时相卵。其细胞近圆球形，胞径 75.6~328.6 微米，细胞质弱嗜碱性，在核外周边先出现一些小脂肪滴，以后向细胞质扩增为数层。同时在细胞膜内缘出现细小的卵黄粒。在卵母细胞外包绕着滤泡膜，滤泡膜与质膜间有一均质的薄层为卵膜，厚度2.6微米，其间没有放射纹（图2.1-7）。

Ⅳ期卵巢：卵巢体积激剧增大呈囊状，血管发达且分支显著。此时期的卵母细胞为第Ⅳ时相，其主要特征是细胞质中充满卵黄，并与脂肪滴混杂（图2.1-8）。卵母细胞体积迅速增大，胞径265.2~635.5微米。发育至第Ⅳ时相末，卵黄颗粒聚集成球状，脂肪滴互相融合成几个大油球，占据了细胞的中央位置。细胞核移置油球靠近动物极的一端。卵膜增厚至8.48微米，其上的放射纹清晰可见，其间还有3~5层的纵纹或环纹（图2.1-9）。

Ⅴ期卵巢：为临产卵巢，充满整个腹腔。游离卵储于卵巢腔中，轻压鱼腹由生殖孔顺畅流出。卵母细胞达到最终大小，胞径1 200微米。卵黄球融合成片，油球合并成单一的大油球或几个小油球围绕着大油球。细胞核移至卵膜孔附近，核仁消失，核膜溶解，卵子变得膨大透明，为第Ⅴ时相卵（图2.1-10）。

Ⅵ期卵巢：产后卵巢过了生殖期开始萎缩，结缔组织增生，卵巢壁变厚。在卵巢中可见正在退化的第Ⅳ、第Ⅴ时相卵，还有第Ⅰ、第Ⅱ时相卵及大量的空滤泡。退化卵特点：滤泡膜加厚，滤泡细胞增多并由扁平逐渐呈立方形。核、卵膜、质膜消失，卵黄从卵边缘向中心瓦解，整个卵子呈蜂窝状（图2.1-11至图2.1-14）。

2. 精巢发育与分期

鱼类精巢发育同卵巢一样，也可分为6期。精巢一般退回至第Ⅲ期再开始向前发育。

大黄鱼Ⅰ~Ⅵ期精巢发育特点如下：

Ⅰ期精巢：精巢为透明细丝状，外观无法辨认雌雄。精巢中由结缔组

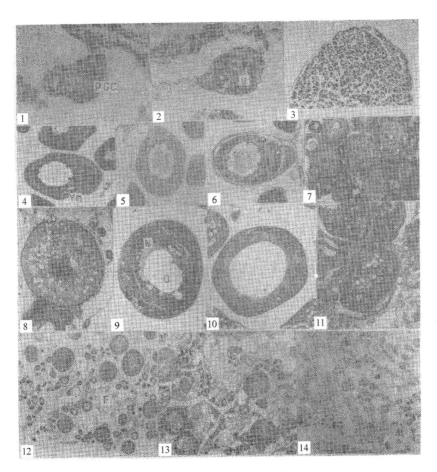

图 2.1 （林丹军等，1992）

1. 2 月龄大黄鱼生殖嵴，已迁入原生殖细胞（PGCs），×920；2. 6 月龄大黄鱼，第 I 期卵巢，×330；
3. 1 龄大黄鱼第 II 期卵巢，可见产卵板结构，×350；4~6. 第 II 时相中、晚期卵母细胞，细胞质出现
分层，×920；7. 第 II 时相卵母细胞核周边多层脂肪滴，×230，7A 示卵膜，×2 000；8. 第 IV 时相卵母
细胞，充满卵黄颗粒，×230；9. 第 IV 时相末卵母细胞，油球融合核偏移，×230；10. 第 V 期卵巢，多
油球成熟卵，×120，10A 示卵膜放射纹及纵纹×2 800；11. 第 VI 时相退化卵，×230；12. 刚产后卵
巢，可见空滤泡膜，×120；13. 退化卵巢，退化卵呈空泡状，×120；14. 越冬卵巢处于第 II 期，
×120；Nb. 核仁样本；O. 油球；Yg. 卵黄颗粒；Hf. 空滤泡 V. 卵巢腔；Fe. 滤泡膜；Ee. 卵膜

织分隔成许多不规则的蜂窝状小叶，精原细胞单个或几个聚集其中。精原细胞呈圆形或椭侧形。胞径 0.4~13.5 微米，核径 6.6~8.5 微米。核膜清晰，核质网状，其中有较大的染色质块和 1 个大核仁。细胞质弱嗜碱性（图 2.2-1）。

Ⅱ期精巢：精巢为透明细线状精小叶略增大加厚，小叶腔与精巢腔出现（图 2.2-2）。在精小叶内既可见到单个较大 A 型精原细胞，不参与分化；又可见到许多 B 型精原细胞组成的精小囊，处于增殖状态（图 2.2-7）。精原细胞经分裂胞径略小，但核仍占很大的比例。在核膜上出现 2~3 个核仁。

Ⅲ期精巢：精巢体积逐渐增大，内侧可见血管分布，因此为浅肉色扁带状。精小叶的辐射排列已明显（图 2.2-3）。精原细胞停止增殖并进入生长期。初级精母细胞核常处于减数分裂前期的一系列变化，核质嗜碱性增强。经过第一次减数分裂，形成次级精母细胞（图 2.2-7 和 2.2-8）。在一些精小囊中还出现了精细胞，因此精巢中的生精细胞发育出现了非同步性，但在同一精小囊中发育是一致的。

Ⅳ期精巢：精巢体积继续增大，形成乳白色的长囊状，血管分枝明显。精小叶除了各期生精细胞外，在小叶腔中还有许多精子集聚成丛（图 2.2-4）。精子头部呈扁椭圆形小粒，直径 1.02~1.5 微米。尾部隐约可见。但轻压鱼腹尚不能挤出精液。

Ⅴ期精巢：精巢饱满肥厚，轻压鱼腹即有白色精液流出。精小叶壁变得很薄，朝向精巢腔的一侧大多瓦解，大量成熟精子流向精巢腔。但在远离精巢腔的精巢边缘区域仍可见到各期生精细胞组成的精小叶（图 2.2-5）。

Ⅵ期精巢：生殖期后或越冬时，大部分成熟精子已排出，精巢萎缩，结缔组织增生，精巢中残留的精子退化吸收，精小叶壁仅由 1 层精原细胞组成（图 2.2-6）。

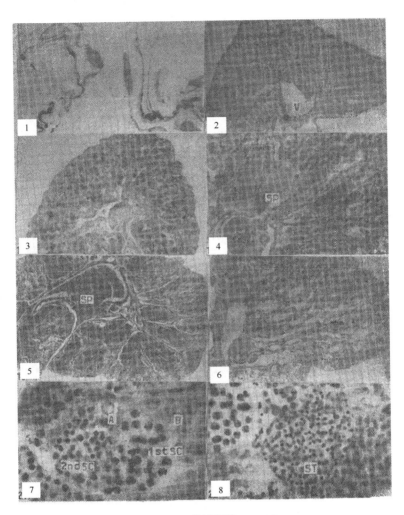

图 2.2 （林丹军等，1992）

1. 5 月龄大黄鱼第 I 期精巢，×1 280；2. 8 月龄大黄鱼第 II 期精巢，×330；3. 1 龄大黄鱼第 III 期精巢，精小叶中已有少量精子，×160；4. 1.5 龄大黄鱼第 IV 期精巢，精小叶中充满成熟精子，×160；5. 大黄鱼第 V 期精巢，精巢腔中充满精子，×160；6. 排空后精巢，×160；7~8. 示各期生精细胞，×2 500；V. 精巢腔；S. 精子；A. A 型精原细胞；B. B 型精原细胞；SC_1. 初级精母细胞；SC_2. 次级精母细胞；Sd. 精细胞；Sg. 精原精胞；Cap. 血管；Mes. 系膜

四、同一尾大黄鱼一年两次性成熟特征

同一尾官井洋群体的大黄鱼在适宜的养殖条件下，一年里可以有两次性成熟，春季产卵后的雌性亲鱼性腺从Ⅱ期卵巢开始的重新发育（刘家富，2004）。雌性大黄鱼二次性成熟过程的卵巢发育过程如下：

Ⅱ期卵巢：为产后刚恢复的卵巢。外观雌鱼腹部紧缩，体形瘦长。解剖观察，卵巢萎缩，壁变厚，呈扁带状，血管发达，肉眼看不清卵巢内的卵粒。组织切片观察，结缔组织发达，初级卵母细胞开始进入小生长期，细胞直径23.5~98.9微米，呈圆形、椭圆形或不规则形，细胞质增长快，有的具分层；细胞核呈圆形，核径14.1~54.2微米，核质结构稀疏透明，外缘散布十多个核仁。卵细胞属第Ⅱ时相，可见到第Ⅲ、第Ⅳ时相的退化卵；卵巢成熟系数1.6~2.27，平均1.93；卵巢发育属恢复Ⅱ期（图2.3-3至图2.3-5）。

Ⅱ~Ⅲ期卵巢：个别雌鱼腹部略膨大，解剖观察个别雌鱼卵巢体积较大，成熟系数2.66~6.87，平均4.86。组织切片观察，卵巢以第Ⅱ时相卵为主，开始出现第Ⅲ时相卵，个别卵母细胞进入大生长期。卵巢发育为Ⅱ~Ⅲ期（图2.3-6）。

Ⅲ期卵巢：约30%的雌鱼腹部开始膨大，有弹性。解剖观察，卵巢体积明显增大，略显黄色，肉眼可分辨其卵粒，但不能从卵巢隔膜上剥离。组织切片观察，多数卵母细胞已进入大生长期，体积变大，直径77~357.5微米，卵细胞表面有卵膜，厚2.7微米，其外又包有滤泡膜。细胞核圆形，核径35.4~130.3微米，核外周出现许多脂肪滴，沿卵膜内缘有许多卵黄颗粒。卵细胞为第Ⅲ时相，成熟系数6.47~9.13，平均8.12，卵巢发育为Ⅲ期（图2.3-7和图2.3-8）。

Ⅳ期卵巢：近30%的雌鱼腹部明显膨大，有弹性。解剖观察，卵巢占体腔的大部分，多数卵粒游离。组织切片观察，卵母细胞转入卵黄积累的大生

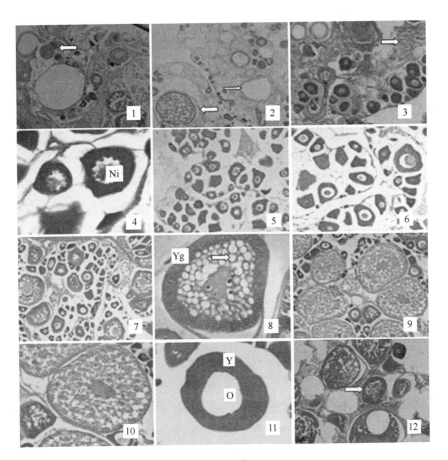

图 2.3 （刘家富，2004）

1、2. Ⅵ期卵巢，可见退化卵（粗箭头所指）、空滤泡（细箭头所指）及一些第Ⅱ时相卵，×80；3. 恢复Ⅱ期卵巢，可见结缔组织（粗箭头所指）及第Ⅲ、第Ⅳ时相的退化卵，×80；4. Ⅱ期卵巢中的第Ⅱ时相卵核仁（Ni），×300；5. 恢复Ⅱ期卵巢，×80；6. Ⅱ～Ⅲ期卵巢，开始出现第Ⅲ时相卵，×120；7. Ⅲ期卵巢，×80；8. 第Ⅲ时相卵，核外周出现脂肪滴（粗箭头所指），卵膜内缘有卵黄颗粒（Yg），×240；9. Ⅳ期卵巢，除第Ⅳ时相卵外尚有一些第Ⅱ、Ⅲ时相卵，×100；10. 第Ⅳ时相卵，卵黄颗粒与脂肪滴交混，×240；11. Ⅴ期卵巢，卵黄颗粒呈均质融合（Y），小油球合并成一个大油球（O），×80；12. Ⅵ期卵巢，退化卵（粗箭头所指）、空滤泡（细箭头所指），×80

长期，体积增大迅速，呈椭圆形或圆形，卵细胞直径 263.1～672.9 微米，核径 48.6～150.4 微米，核仁紧贴核膜内缘。大量卵黄颗粒充满细胞质。卵膜厚度 6.5～8.8 微米，表面有放射带。卵细胞属第Ⅳ时相，同时存在少量第Ⅱ、第Ⅲ时相卵，成熟系数 8.62～21.94，平均 14.88，卵巢发育为Ⅳ期，适合于人工催产（图 2.3-9 和图 2.3-10），注射激素。

Ⅴ期卵巢：性腺完全成熟，卵巢松软，产卵池内亲鱼发出连续的"咕咕咕"叫声，雌雄亲鱼追逐。雌鱼腹部进一步膨大，若将雌鱼从池中捞出，并头部向上，透明亮澈的成熟卵会从泄殖孔自动流出。解剖观察，卵巢占满整个腹腔。组织切片观察，卵母细胞体积进一步增大，细胞直径 1 175～1 364 微米，卵黄颗粒呈均质融合，许多小油球合并成一个大油球，或其周围再散布几个小油球，细胞核移近卵膜孔，核仁消失，核膜溶解。卵透明，已排于卵巢腔内。卵细胞为第Ⅴ时相，也存在少量第Ⅱ、第Ⅲ、第Ⅳ时相卵，其成熟系数为 18.76～28.55，平均 23.28，卵巢发育为Ⅴ期，即临产（图 2.3-11），适合于人工授精。

Ⅵ期卵巢：外观腹部明显软瘪，体壁肌肉松弛，挤压后生殖孔有血水或残卵块等排出。解剖观察，卵巢体积明显缩小，其壁薄而松软，表面血管充血。组织切片观察，未排出的第Ⅳ、第Ⅴ时相卵正被吸收退化，卵质分解，卵膜消失，卵黄溃散，有大量空滤泡及一些第Ⅱ时相卵。卵细胞主要为第Ⅵ时相，成熟系数 3.76～5.58，平均 4.11，卵巢发育期为Ⅵ期（图 2.3-1、图 2.3-2 和图 2.3-12）。

第二节　大黄鱼产卵机理

一、大黄鱼在天然产卵场中的产卵机理

同青鱼、草鱼、鲢鱼、鳙鱼等淡水"四大家鱼"在江河中的自然产卵的

机理一样，大黄鱼在官井洋天然产卵场中自然产卵时需要一定的水流、温度、盐度、溶解氧、水色、透明度、光照度等一系列综合生态环境条件，通过大黄鱼亲鱼的感觉器官（视觉、触觉、侧线）作用于鱼的脑神经中枢，并在脑神经中枢的控制下，刺激下丘释放神经激素转而分别触发处于第Ⅳ期卵巢的雌鱼或怀有第Ⅳ期精巢的雄鱼的脑下垂体，分泌大量促性腺激素。这些激素经过血液循环到达性腺，性腺受到刺激，就迅速地发育成熟，开始排卵或排精；与此同时，分泌性激素促使亲鱼发情，进入产卵、排精等性活动。

大黄鱼在性腺发育和成熟的生理变化过程中，尤其需要水流的刺激。沿岸海域的水流主要靠潮流。除了5—6月（即农历四月至五月）的水温与盐度适合于大黄鱼产卵外，大潮汛期间（农历三十日至次月初三、十五日至十八日）潮差大、潮流的流速也大，所以要在此季节的大潮汛期间才能在官井洋内捕捞到大黄鱼的产卵群体；官井洋内由于有淡水径流入海的叠加作用，退潮的潮流要比涨潮时大得多，而这几天退潮的时间都在下午，所以每天都只有在下午到傍晚这段时间里才能捕到临产亲鱼。只有抓住这一关键时间采捕成熟亲鱼进行挤卵，人工授精才会成功。

二、大黄鱼在室内池中人工催产、自然产卵的机理

经过人工培育后发育成熟的大黄鱼亲鱼，在室内水泥池里自己不能产卵。其雌鱼的卵巢虽然能发育到第Ⅳ期，但不能向第Ⅴ期过渡，无法繁殖后代。究其原因，是由于室内水泥池里缺少像官井洋产卵场5—6月间大潮汛期间那样适合大黄鱼亲鱼产卵、排精的综合生态环境条件，无法刺激大黄鱼亲鱼的下丘释放神经激素，便无法触发雌鱼（或雄鱼）的脑下垂体分泌大量促性腺激素LRH。在"七五"期间的大黄鱼全人工繁殖技术攻关阶段，曾尝试不注射催产激素、完全靠模拟官井洋产卵场5—6月间大潮汛期间那样综合生态环境条件，以让大黄鱼产卵、排精，但未获成功。而使用注射催产激素的人工

催产生理方法来代替产卵场 5—6 月间大潮汛期间那样综合生态环境条件，却获得了在室内水泥池自然产卵的成功。当然，采用生理、生态相结合的方法，在对亲鱼注射催产激素的同时，增加冲水、加大充气量、稍微提高水温（早春季节）与降低盐度，往往会收到满意的催产效果。

第三节　受精卵胚胎发育

一、成熟卵及其受精

大黄鱼的成熟卵为透明的圆球形，属端黄卵。直径 1. 175～1. 364 毫米。卵黄颗粒呈均质融合，油球一个，位于卵的中央。当卵与精子结合后，即开始吸水膨胀，出现受精膜及围卵腔。初受精的受精卵径 1. 194～1. 367 毫米，油球径 0. 326～0. 463 毫米，卵间隙 0. 023～0. 03 毫米。在 23. 2℃ 及盐度 27. 5 的条件下，刚受精的卵细胞的原生质开始向动物极集中，并逐渐隆起。其受精卵属浮性卵，海水盐度在 22. 25（比重为 1. 017）以上时，呈上浮状；未受精卵呈白色混浊而下沉。海水盐度在 22. 25 以下时，受精卵也会下沉。

二、胚胎发育

在 23. 2～23. 4℃ 及盐度 27. 5 的条件下，大黄鱼的胚胎发育过程如下（图 2. 4）：

1. 卵裂期

大黄鱼受精卵的分裂类型为盘状卵裂均等分裂型。

（1）1 细胞期

受精后约经 35 分钟，在动物极形成胚盘（图 2. 4-1）。未受精卵吸水后也会形成假胚盘。

（2）2 细胞期

胚盘面积逐渐扩大，受精后约 55 分钟，开始在胚盘顶部中央产生一纵裂沟，并向两侧伸展，把细胞纵裂为两个大小相同的细胞（图 2.4-2）。

（3）4 细胞期

受精后约 1 小时 5 分钟进行第 2 次纵分裂，在两细胞顶部中央出现了分裂沟，与原分裂沟呈直角相交，经裂成 4 个细胞（图 2.4-3）。

（4）8 细胞期

受精后 1 小时 25 分钟进行第 3 次纵分裂，在第 1 分裂面两侧各出现 1 条与之平行的凹沟，并与第 2 分裂面垂直，形成两排各 4 个、计 8 个形态、大小不同的细胞（图 2.4-4）。

（5）16 细胞期

受精后约 1 小时 40 分钟进行第 4 次分裂，出现垂直于第 1 与第 3 分裂面的凹沟，平行于第 2 分裂沟，纵裂成 16 个大小不等的细胞（图 2.4-5）。

（6）32 细胞期

受精后约 2 小时 5 分钟进行第 5 次分裂，通过分裂形成 32 个排列不规则的细胞（图 2.4-6）。

（7）多细胞期

受精后约 2 小时 30 分钟进行第 6 次分裂，形成 64 个细胞；受精后约 3 小时 55 分钟进行第 7 次分裂，形成 128 个细胞。并依次继续下去，细胞数目不断增加，细胞体积逐渐变小，形成多细胞期（图 2.4-7 和图 2.4-8）

2. 囊胚期

（1）高囊胚期

受精后 5 小时 5 分钟，细胞分裂得更细，界限不清。在胚盘上堆积成帽状突出于卵黄上，胚盘周围细胞变小，形成高囊胚期（图2.4-9）。

（2）低囊胚期

受精后6小时30分钟，细胞被分裂得愈来愈小且数量多，胚盘中央隆起部逐渐降低，并向扁平发展，周围一层细胞开始下包，形成低囊胚期（图2.4-10）。

3. 原肠期

通过细胞层的下包、内卷、集中及伸展等方式，进行着3个胚层的分化。

（1）原肠早期

受精后7小时30分钟，胚盘边缘细胞增多，从四面向植物极下包。同时部分细胞内卷成为一个环状的细胞层，即形成胚环（图2.4-11）。

（2）原肠中期

受精后约9小时20分钟，胚环扩大，开始下包卵黄1/3，并继续内卷形成胚盾雏形（图2.4-12）。

（3）原肠晚期

受精后约10小时10分钟，胚盘向下包卵黄1/2，神经板形成，胚盾不断向前延伸，出现胚体雏形（图2.4-13）。

4. 胚体形成期

根据胚胎发育的不同阶段，可分为8期：

（1）卵黄栓形成期

受精后约11小时，胚盘下包3/5，胚体包卵黄1/3，并出现1对肌节，卵黄栓形成（图2.4-14）。

（2）眼泡出现期

受精后11小时50分钟，胚孔即将封闭，在前脑两侧出现1对眼泡，此时胚体包卵黄约 1/2，两侧视囊出现，肌节 4~6 对（图 2.4-15）。

（3）胚孔关闭期

受精后 13 小时 50 分钟，胚孔关闭，胚体后部出现小的柯氏泡，头部腹面开始出现心原基，肌节为 9 对（图 2.4-16）。

（4）晶体出现期

受精后 15 小时 55 分钟，胚体包卵黄 3/5，视囊晶体出现，柯氏泡未消失，肌节为 12~14 对（图 2.4-17）。

（5）尾芽期

受精后 17 小时 50 分钟，胚体包卵黄 4/5，耳囊呈小泡状，柯氏泡消失。胚体后端出现锥状尾芽，尾鳍褶出现，肌节 18 对（图 2.4-18）。

（6）心跳期

受精后 20 小时 50 分钟，心脏搏动开始，100 次/分钟左右，胚体相应颤动，尾从卵黄上分离出来，并延伸占胚体的 1/3，肌节 25 对（图 2.4-19）。

（7）肌肉效应期

受精后 24 小时 30 分钟，胚体全包卵黄，尾鳍可伸近头部，胚体不断颤动，心跳约 140 次/分钟（图 2.4-20）。

（8）孵出期

受精后 26 小时 36 分钟，卵膜显得松弛而有皱纹，膜内胚体不断颤动，尾部剧烈摆动，最后仔鱼破膜而出（图 2.4-21）。

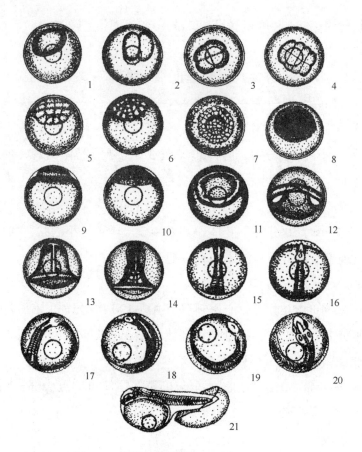

图 2.4　大黄鱼胚胎发育（刘家富，1999）

1.1 细胞期；2.2 细胞期；3.4 细胞期；4.8 细胞期；5.16 细胞期；6.32 细胞期；7.64 细胞期；

8. 多细胞期；9. 高囊胚期；10. 低囊胚期；11. 原肠早期；12. 原肠中期；13. 原肠晚期；

14. 胚体形成期；15. 眼泡出现期；16. 胚孔关闭期；17. 晶体出现期；18. 尾芽分离期；19. 心

跳；20. 肌肉效应期；21. 孵出期

三、胚胎发育与水温的关系

大黄鱼的胚胎发育与水温的高低密切相关。在适温范围内，水温愈高，胚胎发育的速度愈快。水温在 26℃以上或 15℃以下时，孵出的仔鱼畸形率较高（表2.1）。

表 2.1　大黄鱼胚胎发育与水温的关系

批次	孵化水温（℃）	孵化时间
1	18.0~21.2	42 小时
2	20.6~22.6	32 小时
3	23.2~23.4	26 小时 36 分钟
4	26.7~27.9	18 小时

第四节　大黄鱼仔稚鱼发育

一、关于仔稚鱼发育阶段的划分的依据

大黄鱼仔稚鱼发育阶段的划分，有关学者的意见尚不一致，一般多以各鳍的发育特征为依据。刘家富（1999）曾以消化系统发育过程中的有关器官的出现作为仔、稚鱼发育阶段划分的依据，即：①仔鱼阶段的肠为一道弯曲，胃及幽门盲囊均未出现；②当胃及幽门盲囊出现，肠为两道弯曲时，已进入稚鱼发育阶段；③在一般情况下，大黄鱼进入稚鱼期的鱼体全长在7~8毫米，约为18日龄；④而进入幼鱼期的依据为全身出现鳞片，这时全长在40毫米以上，约为50日龄以上。

二、仔稚鱼器官发育与日龄、生长速度的关系

大黄鱼仔、稚鱼的器官发育，一般与日龄直接相关。但刘家富（1999）的观察发现，由于各批次的育苗条件不同，或同一批仔鱼个体间的摄食等情况差异，造成同1日龄的仔、稚鱼生长速度的差异，生长速度快、个体大的

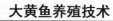
仔、稚鱼其器官形成也较早。

1. 仔鱼期

(1) 初孵仔鱼

全长 2.76 毫米，体长 2.64 毫米，头部紧贴在卵黄囊上，卵黄囊径 1.276 毫米×1.058 毫米，油球径 0.324 毫米，心跳 150 次/分钟（23.3℃）。第16~18 肌节处有棕红色素块。刚出膜的仔鱼游动能力较差，靠油球的浮力悬浮在水中，时常作间断性的"窜动"。

(2) 1 日龄仔鱼

全长 3.226 毫米，体长 3.131 毫米，卵黄囊长径为 1.063 毫米，油球径为 0.377 4 毫米。脑分化明显，中脑突起显著，在眼前方有一圆形的暗块为嗅囊，听囊明显。肠细直，肛门未外开，背鳍褶增高，上有一"油滴"状结构，肌节 8+18＝26（图 2.5-1）。

(3) 2 日龄仔鱼

全长 4.012 毫米，体长 3.858 毫米，卵黄囊长径 0.692 毫米，油球径 0.346 毫米。肠中部已膨大，内壁皱褶明显，孵出 32~35 小时后，肛门和口先后外开，开口时口径（上额长×$\sqrt{2}$）为 0.367 毫米，血液循环明显，鳔已出现，但未充气，长径 0.108 毫米，胸鳍明显（图 2.5-2）。

1~2 日龄的仔鱼，对光照变化反应不敏感，仔鱼在水中分布均匀，靠尾鳍作间歇性快速摆动，且向上游动。

(4) 3 日龄仔鱼

全长 4.169 毫米，体长 3.747 毫米，口径 0.404 毫米，油球径 0.244 毫米，鳔长径为 0.221 毫米。卵黄囊变小，肠蠕动明显，中肠膨大，后端加粗。口张合明显，已开始摄食轮虫。肩带明显，胸鳍增大，可向外垂直张开。第一鳃弓出现，但未见鳃丝和鳃耙（图 2.5-3）。

（5）4日龄仔鱼

全长 4.141 毫米，体长 3.916 毫米，口径 0.523 毫米，鳔长径 0.272 毫米，油球径 0.167 毫米。上下颌形成，并出现绒毛状细牙，卵黄囊消失，背鳍褶增高，肠前部继续膨大，中部为一道弯曲，后端增粗，摄食明显。中脑大，并已分化成左右两叶，鳃弓 2 对，第 2 鳃弓出现锯齿状鳃丝，但未见鳃耙，后鳃盖呈膜状，鳔已充气，鳔上分布有星状黑色素，肌节 8+18＝26（图2.5-4）。

此时，仔鱼游动能力增强，对光反应逐渐敏感，当光照不均时，经常出现集群现象，上午多均匀分布于水的中上层，下午多分布于中下层。

（6）5日龄仔鱼

全长 4.199 毫米，体长 4.154 毫米，口径 0.588 毫米，鳔长径 0.313 毫米，油球径 0.173 毫米，脑部已发达，端脑两端突起，大脑半球形成，听囊清晰，眼球黑色素增加，肝脏分左右两叶，左大右小，位于食道的下部，肠的前部。肠的后半部为直肠，并进一步向前分布。第 2~4 对鳃弓有锯齿状鳃丝，未见鳃耙。仔鱼对光的反应十分敏感，特别是喜欢弱光，经常趋光集群。

（7）7日龄仔鱼

全长 4.484 毫米，体长 4.293 毫米，口径 0.572 毫米，油球径 0.06 毫米，鳔长径 0.289 毫米。胆囊明显，为透明的囊状体，未见胆汁，位于两叶肝脏间，胰脏明显与中肠后部相连。背鳍褶上"油滴"状构造消失。第 2 鳃弓出现鳃耙，为小粒状，不明显（图 2.5-5）。仔鱼摄食能力增强，解剖肠内含物，轮虫多达 30 个以上。集群性强，水体中仔鱼密度大时，一旦停气，常密集于池壁附近的水面上。

以上大黄鱼的仔鱼期属于"前仔鱼期"，即在形态构造上从初孵仔鱼开始到卵黄囊和油球消失为止；在生态上游动能力差，一般均匀地悬浮在水中作间断性"窜动"和被动摄食；在生理上从内源性营养转入混合性营养阶段。约从 8 日龄后开始至 17 日龄的仔鱼期属于"后仔鱼期"，即在形态构造上卵黄囊和油球完全消失，运动和摄食器官发育趋向完善；在生态上集群摄食能力逐渐增强；在生理上完全转入外源性营养阶段。

（8）12 日龄仔鱼

全长 5.284 毫米，体长 5.040 毫米，口径 0.782 毫米，鳔长径 0.404 毫米。第一鳃弓上鳃耙明显，为 0+5 个，乳头状，而鳃丝尚未形成，鳔管明显，较细长，与食道相通，鳔、臀鳍背部及鱼体腹面均有紫黑色素团。肠仍为一道弯曲，尾鳍上翘，臀、背鳍间骨均未发生（图 2.5-6）。在适宜条件下，仔鱼能大量摄食轮虫，曾解剖一尾仔鱼，肠内含物中共有 12 个轮虫和 7 个轮虫卵。仔鱼趋光性仍很强，喜集群。

2. 稚鱼期

（1）18 日龄稚鱼

全长 8.272 毫米，体长 6.922 毫米，口径 1.429 毫米，鳔长径 0.720 毫米。胃已出现，肠为两道弯曲，胃与肠的连接处出现两处明显的笋状突起，为幽门盲囊，背鳍为Ⅶ-30，臀鳍基及腹鳍出现，但不明显，第 1 鳃弓的鳃耙为 3+11（图 2.5-7）。

随着各鳍逐渐完善、稚鱼游动能力加强，摄食能力相应增强，开始大量摄食卤虫无节幼体和小型桡足类。解剖一尾稚鱼，发现胃内含物有 25 个卤虫无节幼体。此时稚鱼还表现易被惊动，稍微有一点敲击声或晚上突然强光照射，就发生逃避或跳跃，导致撞伤或胀鳔死亡。

（2）22 日龄稚鱼

全长 11.486 毫米，体长 8.643 毫米，口径 3.248 毫米，鳔长径 1.204 毫米。胃已发育完善，为卜形，幽门盲囊 10 个，位于胃的后端，胆囊为透明长囊状物，内有淡蓝绿色的胆汁，鳔与食道间有鳔管相通。第 1 鳃耙 5+12，为条状，鳃丝仅见于鳃弓下部，呈树枝状，各鳍均出现，尾鳍条 19，已分节，背鳍为Ⅶ-31，第 1 背鳍和第 2 背鳍尚未分开，臀鳍为 10，腹鳍Ⅰ-5，胸鳍 9，鳃骨片 7 条（图 2.5-8）。

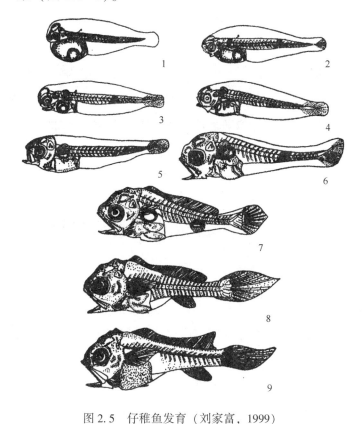

图 2.5　仔稚鱼发育（刘家富，1999）

1.1 日龄仔鱼；2.2 日龄仔鱼；3.3 日龄仔鱼；4.4 日龄仔鱼；5.7 日龄仔鱼；
6.12 日龄仔鱼；7.18 日龄稚鱼；8.22 日龄稚鱼；9.30 日龄稚鱼

（3）26 日龄稚鱼

全长 15.30 毫米，体长 13.30 毫米，口径 2.43 毫米，尾鳍条为 23 条，背鳍Ⅶ-31，臀鳍Ⅱ-6，腹鳍Ⅰ-5。已近成鱼的体形，但鳞片尚未形成。这时，稚鱼对卤虫幼体的摄食量降低，而能摄食较大型的桡足类，甚至出现同类残食现象，18~20毫米稚鱼可吞食10毫米左右的稚鱼。

（4）30日龄稚鱼

全长23.30毫米，体长16.80毫米，口径3.06毫米，幽门盲囊14个，胆囊为长囊状，分布有稀疏的黑色素斑，腹腔隔膜形成。尾鳍条29，背鳍条Ⅶ-31，臀鳍Ⅱ-8，胸鳍15，腹鳍Ⅰ-5。第一鳃弓鳃耙为8+17，头背棘突明显，腹鳍后方出现鳞片，侧线鳞片开始出现，已基本具有成鱼的形态特征（图2.5-9）。该阶段的稚鱼在正常情况下分布于光线较弱的中下层，仍具有强烈的趋光习性，有时大量地在水面上集群，部分鱼苗被挤出水面"搁浅"而引起缺氧死亡。

第五节　大黄鱼基本繁育设施

一、苗种繁育场建设

大黄鱼苗种繁育场作为大黄鱼室内亲鱼和仔稚鱼培育的场所，在生产过程中，需要加温与保温，选择地形坐北向南的地区进行建设，有利于采光保温。同时在生产过程中，涉及桡足类饵料等育苗物资的配送、鱼苗的运输、生产与生活供电，具备交通、通信便利，电力和淡水有保障是其必要的条件。

大黄鱼人工繁育对其使用海水的要求相对较高，其水源水质条件应符合GB 3097《海水水质标准》二类以上水质标准，且水源上游及周边无污染源。只有满足了以上环境条件，才能够保证生产的顺利进行。

二、主要设施设备及其要求

苗种繁育场的设施主要可分为育苗室、育苗生物饵料培养设施，以及其他供电、供水、供气、增温、水质分析和生物检测实验室等配套设备。

1. 育苗室

育苗室作为繁育场的主要组成部分，是大黄鱼亲鱼室内加温培育与仔稚鱼培育的场所，生产不同阶段对光照条件的要求也具有较大差别，因此其应具备良好的保温性能和可调光条件。

其室内水泥池按功能可分为亲鱼培育池、产卵池、孵化池及育苗池。根据大黄鱼繁育技术特点，应设置亲鱼培育池、育苗池，而其他的产卵池、孵化池，其要求分别与亲鱼培育池和育苗池基本一致。为节约建造成本等因素和提高池子利用率，产卵池与孵化池可利用亲鱼培育池和育苗池替代。池子面积一般以 30~60 平方米/口，水深 1.5~2.0 米，形状以长宽比（2~3）：1 的倒角长方形或圆形为宜。同时，为提高室内亲鱼育熟效果，其中的亲鱼培育池以面积和水深大些较为合适。

2. 生物饵料培养设施

主要包括海水单胞藻类培养、轮虫培养、卤虫卵孵化、卤虫无节幼体营养强化、桡足类暂养等室内水泥池或水槽等。根据各种生物饵料集约化培养的特点，应配备充气设施，室内还应配备增温设施，以满足生物饵料培养最适条件。为防止相互间的污染，动物性饵料培育设施与植物性饵料培养设施之间应保持相互独立。为保证育苗的生物饵料供应，根据大黄鱼仔稚鱼对生物饵料的需求，一般各种生物饵料培养水体应达到育苗场水体的 60% 左右，且动物性饵料与植物性饵料培养池水体比例约为 1：2。

（1）单细胞藻类培养设施

包括藻种室、二、三级培养池。藻种室用于单胞藻的保种和一级培养，可用 100~3 000 毫升的三角烧瓶及容积 10 升以下的透明塑料袋作为培养容器。虽然目前较多生产单位都不配备藻种室，这与目前大黄鱼繁育生产所采用的保种较为简单的微绿球藻作为主要培养种类，以及地区内大黄鱼繁育场分布较多、能保证藻种的相互供应有较大的关系。有条件最好能配备藻种室，对保证育苗生产藻类的培养与供应具有重要意义。二级藻类培养池，主要用于藻类的中继培养，其面积 2~10 平方米/口，池深 80~100 厘米，可用小型水泥池或玻璃钢水槽。三级培养池主要用于藻类的生产性扩种培养，20~60 平方米/口，池深 100~120 厘米，可利用现有的育苗池替代、降低水深、保持适宜光照等条件就能满足培养要求。

（2）轮虫培养池、桡足类暂养池设施

现有的育苗池基本能满足其培养条件，主要生产安排合理、池子周转良好，均可利用育苗池作为培养设施。但最好能设置动物性饵料培养室。一般轮虫培养池面积 5~60 平方米/口，水深 1.5~2.0 米；桡足类暂养池主要用于当天少量桡足类的短时间暂养，水体要求不宜太大，一般 5~10 平方米/口，亦可利用小规格轮虫培养池。

（3）卤虫卵孵化设施

根据卤虫卵的孵化特点和便于卤虫无节幼体的分离操作，其孵化设施应采用底部为漏斗状的圆锥形活动水槽或水泥池 0.5~5.0 立方米/口。有条件的育苗场可利用卤虫无节幼体分离器进行分离。

3. 配套设施

繁育场的配套设施主要包括供电、供水、供气、增温系统及水质分析和生物检测实验室。

（1）供电系统

应能满足生产和生活的需要，特别是用电高峰期对用电的需求。为保证繁育过程的不间断供电，避免意外断电造成的损失，还应配备备用发电机组。

（2）供水系统

为便于轮流维护与使用，防患水系统故障引起缺水，保证育苗系统连续运行，具规模的鱼苗场该系统应分两个单元设置；繁育场的日供水能力应不少于育苗池和饵料池的总水体；为防止水源的交叉污染，取水处应远离排水处。

（3）供气系统

为保证育苗水体的溶解氧需求，根据生产实践，每分钟供气量为育苗水体的 1%~2%。

（4）增温系统

根据大黄鱼春季人工繁育的水温条件和生产季节的气候、水温等条件，以及闽浙一带的育苗生产实践，每 1 000 立方米育苗水体约需配备 1 吨/小时蒸气量的锅炉。

（5）水质分析和生物检测实验室

育苗过程中，需随时掌握育苗水质变化和仔稚鱼动态，应配备温度、盐度、pH 值、溶解氧、氨氮、亚硝基氮等常规水质理化指标的检测仪器设备和用于生物检测观察的显微镜、解剖镜等。

第三章 大黄鱼养殖基本知识

第一节 大黄鱼养殖环境要求

一、生长适温

大黄鱼属于暖温性鱼类，适温范围在 8～32℃，最适生长温度为 20～28℃，水温低于6℃左右将陆续出现死亡。养殖的大黄鱼水温下降至13℃以下或高于30℃时，食欲就会明显降低。在适温范围内，大黄鱼对降温的反应远较升温的敏感，如数小时内水温降幅2～3℃，就会明显影响其摄食，尤其会影响鱼苗的活力，甚至引起死亡；而水温上升2～3℃却未见明显的不良影响。在接近极限的低水温情况下，快速降温、水流湍急或人为扰动，均会加快其死亡。水温高于26℃时就会影响大黄鱼胚胎的正常发育，孵出的仔鱼畸形率明显升高。

二、生长适盐

大黄鱼属于广盐性的河口鱼类，适应盐度为6.5～34，最适盐度24.5～30。室内人工育苗最适盐度为22～31，当盐度低于22时，大黄鱼的受精卵便会下沉水底、因缺氧而窒息死亡。在盐度高于34的海域，大黄鱼便较难适应。据最新研究报道，大黄鱼在盐度接近零的淡水时，尚可以存活，但因其渗透压耗能等因素可能会影响其生长和性腺发育。

三、对溶解氧的要求

大黄鱼对溶解氧量的要求一般在 5 毫克/升以上，其溶解氧的临界值为 3 毫克/升；而稚鱼的溶解氧临界值为 2 毫克/升。但在 pH 值低于 6.5 时，鱼血液的载氧能力下降，这时即使水中含氧量较高，鱼也会因缺氧而"浮头"。当水中溶解氧不足时，轻则影响养殖大黄鱼的饵料转化率和生长，影响亲鱼的性腺发育，重则会引起鱼的窒息死亡。

四、对水流的要求

大黄鱼喜逐流，常于大潮汛潮流湍急时上浮，小潮汛时下沉。在产卵季节的天然产卵场，潮流达到 2.0 米/秒流速时，大黄鱼产卵达到高峰。室内人工育苗可在大黄鱼亲鱼临近产卵效应期时进行人工冲水，营造水流环境，从而达到提高自然产卵的效果。网箱养殖条件下，由于大黄鱼鳞片结构疏松、易脱落而忌急流，尤其是在饱食与越冬期间。成鱼养殖流速一般要控制在 0.2 米/秒以内，幼鱼要控制在 0.1 米/秒以内。

五、对 pH 值、光、声、透明度等的要求

普通海水的 pH 值一般在 7.85～8.35，可适合大黄鱼生活。大黄鱼喜弱光，厌强光，适宜的光照度约在 1 000 勒克斯左右，在自然海区中，大黄鱼多于黎明与黄昏时上浮觅食，白天则下沉于中下层；在自然光线下，室内育苗池中的鱼苗，早晚常在池的上层集群，阳光强烈的午后多沉到池底。大黄鱼对光的反应较敏感，在光线突变时，较易引起大黄鱼的窜动，尤其是仔、稚鱼阶段。大黄鱼体表金黄色素极易被日光中的紫外线破坏而褪色，夜间起捕养殖大黄鱼可有效保持其金黄色体色。大黄鱼对声的反应也很敏感，当听

到撞击声时，不管成鱼或鱼苗、鱼种，还是在水泥池或网箱中，都会因此惊吓跳跃出水面。在养殖过程中，可利用驯化使大黄鱼适应一定强度的声音刺激，并形成条件反射进行饲料的集中投喂。大黄鱼喜逐流，对透明度与水色的要求不高，相对喜欢浊流，透明度在 0.2~3 米均可适应，但最适透明度在 1 米左右。

第二节　大黄鱼人工养殖模式

目前，大黄鱼人工养殖模式有网箱养殖模式和围栏养殖、池塘养殖等其他养殖模式，以网箱养殖为最主要养殖模式；围栏养殖和池塘养殖等其他养殖模式作为大黄鱼的特色养殖，其发展目前受一定条件限制。室内工厂化养殖近几年刚刚起步，其技术工艺尚不成熟，处于探索中。

一、网箱养殖模式

大黄鱼网箱养殖可分浮式框架网箱养殖和深水大网箱养殖两种主要模式。其中浮式框架网箱养殖，是利用由 4 米×4 米网箱框架组成的浮式框架张挂网箱进行养殖的一种方式（图 3.1）；深水大网箱养殖是在开放或半开放的相对流急海域，利用泡沫作为支撑力，设置全浮式 HDPE 圆形深水抗风浪大网箱进行养殖的一种方式（图 3.2 和图 3.3）。目前大黄鱼网箱养殖以浮式框架网箱养殖为主，其产量占养殖总产量的 95% 以上。

1. 浮式框架网箱养殖

传统大黄鱼养殖网箱的规格多为长 4 米×宽 4 米×高（3~5）米，现已较少使用。目前，大黄鱼多采用规格长（4~12）米×宽（8~12）米×深（4~8）米、网箱面积 32~144 平方米的网箱进行养殖。因该种网箱抗风浪和抗流能

图 3.1　传统大黄鱼小网箱养殖

图 3.2　内湾浮式大网箱养殖

图 3.3　大黄鱼深水大网箱养殖

力较小，主要集中在风浪流较小、流速在 1~2 米/秒的福建三都湾内湾海域。2000 年养殖规模发展达 40 万~50 万箱（以规格长 4 米×宽 4 米的网箱为计算单位）。该种养殖模式因其具有投资较小、集约化程度和单产相对较高、管理方便、可养面积大等优点而得到大力推广应用，主要应用于大黄鱼的鱼种培育与成鱼养殖。目前，该种养殖模式标准化程度还较低，网箱布局不合理、仍以投喂冰鲜料为主，其养殖环境质量较以前有所下降，在养殖过程中受"内脏白点病""刺激隐核虫病""白鳃病"等病虫害的危害较为严重，养殖成活率普遍不高，单产仅 20~100 千克/米²，而且其养殖的商品鱼质量大部分档次不高，平均售价仅为 20~40 元/千克，从而造成其养殖经济效益普遍不高的现状，平均利润仅 6~10 元/千克。目前，在原有的技术基础上，已有利用原来的框架对网箱进行加大和加深，逐步发展起来的框架式大网箱养殖，其网箱规格达长（12~16）米×宽（16~24）米×深（6~10）米，网箱面积达 192~384 平方米。该创新模式相对传统小网箱养殖，其养殖潜力和养殖鱼的品质都得到一定幅度的提高，但抗流能力和安全系数有所下降，需采取必要的防护措施。

2. 深水抗风浪大网箱养殖

深水抗风浪大网箱养殖模式是近年刚发展起来的，是大黄鱼浮式框架网箱养殖形式的补充。网箱结构主要为全浮式 HDPE 圆形深水抗风浪大网箱，每只深水网箱养殖水体约 1 500 立方米。目前其养殖规模 60~100 只，主要集中在浙江省大陈岛、普陀山等半开放或开放的海域。因其设置海域流速较大，主要利用鱼种进行大黄鱼成鱼养殖。该模式养殖水体空间较大，为大黄鱼提供较大的生长空间，所处海域水质相对优良；生产的大黄鱼肌肉呈明显蒜瓣状且结构紧密，肉质鲜美且无腥味等优点，其体型和肉质均接近于野生大黄鱼（脂肪含量≤9%，低于普通养殖大黄鱼脂肪含量），其市场售价高达 100~300 元/千克，产品供不应求。目前该种养殖模式尚有很多技术环节尚需要探究，特别要完善其设施设备进一步提高其抗流和风浪能力，以增加其安全系数。

二、其他养殖模式

1. 围栏养殖模式

围栏养殖模式是当前兴起的一种大黄鱼养殖新模式，主要包括利用低潮线以下的内湾浅海区养殖的插杆式围网养殖，港湾和库湾的网栏养殖等方式。目前技术工艺相对较为成熟的为大黄鱼的插杆式围网养殖（图3.4）。该种养殖模式与传统小网箱养殖相比，具有鱼体活动空间大、病害少、成活率高等优点，且可利用天然生物饵料作为补充，饵料成本相对较低；商品鱼体形、体色、肉质、风味等较接近野生大黄鱼，市场售价高达200~400元/千克，养殖效益好，平均每口面积3 000平方米的围网可产生经济效益100万~200万元。但这种养殖方式受到适养海区少、抗灾能力弱、养殖周期较长、投资较大等因素限制，目前发展的规模较小，推广养殖面积35~50公顷。

2. 池塘养殖模式

该种养殖模式是利用现有池塘进行养殖大黄鱼的一种新兴模式（图3.5），其养殖的大黄鱼具有生长快、体形修长、体色金黄、肉质细嫩等优点，养殖周期短，商品售价高达120~300元/千克，其养殖亩①经济效益可达3万~5万元。曾经在1998年池塘推广面积达2万多亩。但由于该模式对池塘结构、底质条件等要求较高，一般现有的普通池塘受到条件限制很难满足其要求，而且养殖生产过程对水质管理要求较严格，如管理不善则易受病害侵

---

① 亩为非法定计量单位，1亩≈666.67平方米。

害，因而现有养殖规模较以前有所萎缩，为 3 000~5 000 亩。

图 3.4　大黄鱼插杆式围网养殖

图 3.5　大黄鱼池塘养殖

第四章 大黄鱼养殖病害基础

第一节 疾病发生的原因

了解病因是制订预防疾病的合理措施、作出正确诊断和提出有效治疗方法的根据。大黄鱼等水产养殖动物病害发生的原因，除一些不明病因外，主要可归纳为以下五类。

一、病原的侵害

病原，即致病生物的侵害是水产养殖动物发生疾病的主要病因。病原主要包括病毒、细菌、真菌等微生物和寄生原生动物、单殖吸虫、复殖吸虫、绦虫、线虫、棘头虫、寄生蛭类等寄生虫。以大黄鱼的养殖病害为例，大致可分为病毒性疾病、细菌类疾病和寄生虫类疾病三大类。

二、非正常环境因素

养殖环境中温度、盐度、溶氧量、酸碱度、光照、天然的或人为的污染物质等因素的变动，超越了养殖动物所能忍受的临界限度就能致病。

三、营养不良

投喂饲料的数量或饲料中所含的营养成分不能满足养殖动物维持生活的

最低需要时，饲养动物往往生长缓慢或停止，身体瘦弱，抗病力降低，严重时就会出现明显的症状甚至死亡。营养成分中容易发生问题的是缺乏维生素、矿物质、氨基酸。其中最容易缺乏的是维生素和必需氨基酸。变质的饲料也是致病的重要因素。

四、动物本身先天的或遗传的缺陷

因为受到遗传和环境的影响，一些鱼类发生了畸变。如后半身变得短小的鳙鱼，长出另外的第二背鳍的鲶，性腺发育不完整的翘嘴红鲌等。

五、机械损伤

在捕捞、运输和饲养管理过程中，往往由于工具不适宜或操作不小心、网箱水流太大，使饲养动物身体受到摩擦或碰撞而受伤。受伤处组织破损，机能丧失，或体液流失，渗透压紊乱，引起各种生理障碍以至死亡。除了这些直接危害以外，伤口又是各种病原菌侵入的途径。

这些病因对养殖动物的致病，可以是单独一种病因的作用，也可以是几种病因混合的作用，并且这些病因往往有互相促进的作用。

第二节　病原、宿主与环境的关系

由病原生物引起的疾病是病原、宿主和环境三者互相影响的结果。

一、病原

养殖动物的病原种类很多。不同种类的病原对宿主的毒性或致病力各不相同，同一种病原在不同时期对宿主的毒性也不完全相同。

病原在宿主的身体上必须达到一定的数量后，宿主才显示出症状。在病原侵入宿主体内未出现发病症状的一段时间叫做潜伏期。各种病原一般都有一定的潜伏期。了解某种疾病的潜伏期可以作为预防该种疾病和制订检疫计划的参考。但是应当注意，潜伏期的长短不是绝对固定不变的，它往往随着宿主身体条件和环境因素的影响而稍加延长或缩短。

病原寄生在宿主的部位相对固定，有的寄生在体外或鳃，有的寄生在消化道或内脏器官，按其寄生的不同部位可分为内寄生物和外寄生物。病原对宿主的危害性主要有夺取营养、机械损伤和分泌有害物质。

二、宿主

宿主即养殖生物。宿主对病原的敏感性与其遗传性质、免疫力、生理状态、年龄、不同养殖阶段、营养条件、生活环境等有关。

三、环境条件

水域中的生物种类、种群密度、饲料、光照、水流、水温、盐度、溶氧量、酸碱度及其他水质情况都与病原的生长、繁殖和传播等有密切的关系，也严重影响宿主的生理和抗病力。

总之，病原、宿主和环境条件三者有着极为密切的相互影响的关系，这三者相互影响的结果决定疾病的发生和发展。三者的关系可用图4.1表示。在诊断和防治疾病时，必须全面考虑这些关系，才能找出其主要病因所在，采取有效的预防和治疗方法。

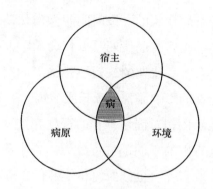

图 4.1　病原、宿主、环境三者的关系

（仿 Sneiszko，1976）

第三节　渔药分类及其使用特点

一、渔药分类

目前，渔药药理的研究尚不充分，基本按使用目的进行分类。一般经常使用的渔药有以下几类：

1. 抗微生物类药物

指通过内服、浸浴或注射，杀灭或抑制体内微生物繁殖、生长的药物，包括抗细菌药、抗真菌药、抗病毒药等。如青霉素、金霉素、土霉素、磺胺嘧啶等。

2. 杀虫驱虫类药物

指通过药浴或内服，驱除体表或体内寄生虫的药物以及杀灭水体中有害无脊椎动物的药物，包括抗蠕虫药、抗原虫药和抗甲壳动物药等。如硫酸铜、硫酸亚铁、敌百虫等。

3. 消毒类药物

以杀灭水体中的微生物为目的所使用的药物，包括氧化剂、季铵盐类、有机碘制剂等。如漂白粉、生石灰、高锰酸钾、二氧化氯、聚维酮碘等。

4. 调节水生动物代谢及生长类药物

指以改善养殖对象机体代谢、增强机体体质、病后恢复和促进生长为目的而使用的药物，通常以饵料添加剂方式使用。

5. 环境改良剂类药物

以改良养殖水域环境为目的所使用的药物，包括底质改良剂、水质改良剂和生态条件改良剂。如沸石粉、活性炭、ETDA 等。

6. 生物制品类药物

通过物理、化学手段或生物技术制成微生物及其相应产品的药剂，通过有特异性的作用，包括疫苗、免疫血清等。

7. 中草药

指为防治水生动植物疾病或以养殖对象保健为目的而使用的药用植物。

8. 其他类药物

包括抗氧化剂、麻醉剂、防霉剂、增效剂等药物。

二、渔药使用特点

渔药用药是指用于防治水产养殖动植物以及观赏鱼类疾病的一类兽药。其因应用对象的特殊性，施药方法的不同以及药效易受环境因素影响等方面，具有以下主要特点：

① 我国有各类水产养殖动物 100 多种，其中包括鱼类、甲壳类、贝类、两栖类和爬行类等。不同养殖对象的生理特性差异大，对药物的耐受有显著差异，药物在不同养殖动物体内的效应以及药动学特征也有显著差异。

② 我国适于发展水产养殖业的水域资源丰富、类型多样。按照养殖水域资源类型和利用方式可划分为：淡水池塘养殖、淡水大水面养殖、浅海养殖、海洋滩涂养殖和工厂化养殖 5 种主要的养殖方式。不同的养殖水域、养殖方式和养殖类型构成了水产养殖动植物与生态环境的复杂关系，进而影响到药物在水产养殖动植物内的效应。

③ 水产养殖动植物受水温的直接影响，因而用药需根据水温的变化在药物剂量、休药期等方面作适当调整。

④ 渔药多以群体施药为主，因而对施药方法的有效、安全、成本等方面提出了更高的要求。

第四节　渔药的基本作用及影响渔药药效的因素

一、渔药的基本作用

渔药的基本作用大体可分为三类，这三类作用是相互联系和相互影响的，其作用的最终目的是提高水产动物的抗病能力、控制水产动物疾病的发生。

1. 抑制和杀灭病原体

有直接和间接两种作用方式。抗微生物和抗寄生虫药等，经吸收进入机体与器官组织后，直接与病原体发生作用。

2. 改良养殖环境

通过杀灭水中的病原体、改良水质与底质、净化养殖环境而达到改良养殖环境的目的。

3. 调节水产动物的生理功能

为了提高饲料转换率，常在饲料中添加一些能调节代谢和促进生长的药物，这些添加剂一般不具有治疗疾病的作用，大多用作改进饵料利用率。目前在水产养殖生产中常用的调节水生动物代谢及生长的药物主要有矿物质、维生素、氨基酸、脂质、激素、酶制剂等。

二、影响渔药药效的因素

影响渔药作用的因素较多，概括起来有以下几个方面：

1. 药物的剂量、剂型

药物的作用随剂量的大小而有差异，甚至发生质的变化，如金属性收敛药硫酸锌用于局部时，低浓度具有收敛作用，中等浓度则有刺激作用，而在高浓度时却具有腐蚀作用。药物的剂型不同，即使在其药物剂量相同的情况下，其作用强度、作用效果和作用的时间也不相同。

2. 给药方式

给药途径、时间及用药次数和频率均能影响药物作用效果。药物药浴

（或遍洒）等外用给药途径与口服（或注射）等内服给药途径在药物的作用上有着明显的差别；不同的给药时间（白天或夜间），即使药物使用的剂量相同，效果也会有所不同。

3. 动物状态

水生动物自身的情况和生理状态会产生不同的药效作用：① 种属差异：不同种、系水产动物或同种系不同个体间对药物的敏感性存在差异。② 生理差异：一般幼龄、老龄水产动物对药物比较敏感。③ 个体差异：不同的个体对药物的耐受性是不同的，这可能与个体遗传因素有关。④ 机体的机能与病理状况：一般瘦弱、营养不良和处于病理状况下的水生动物对药物比较敏感。

4. 环境因素

对于水生动物来说，环境对药物作用的影响较大，主要影响因素：① 水温：一般药物药效与水温呈正相关，但有的药物却相反，需区别对待。② 有机物：它会影响大多数药物的药效，如高锰酸钾、含氯消毒剂。③ 酸碱度：酸性药物、阴离子表面活性剂以及四环素类等抗菌药物，在碱性水体中作用减弱；而碱性药物、磺胺类药物及阳离子表面活性剂等，随 pH 值升高药效增强。④ 溶氧：溶氧较高时水生动物对药物的耐受性增强；溶氧较低时，则水生动物容易发生中毒现象。⑤ 光照和季节：水生动物在夜间比在白天对药物的耐受能力强，在夏季比在冬季对药物敏感。⑥ 病原体的状态和抵抗力：有些能形成孢囊的寄生虫，在药物的刺激下往往能形成孢囊，它们对药物的抵抗力就明显加强。此外，捕捞、运输、换水等应激因素，也能增加水生动物对药物的敏感性。

三、消毒药物的种类及使用注意事项

1. 消毒药物的类别

在大黄鱼养殖上应用的主要有醛类，如福尔马林（含甲醛 37%）等；碱类，如生石灰等；盐类，如硫酸铜、硫酸亚铁等；卤素类，如漂白粉、二氧化氯、三氯异氢尿酸和聚维酮碘等；氧化剂类，如高锰酸钾、过氧化氢溶液等。

2. 消毒药的配制与使用注意事项

（1）消毒药物的配制

消毒药物基本都是化学品，装盛的容器不应为金属物，可用木质、塑料或陶瓷容器。配制前先装好溶解药物用水，而后根据计算出的用药量，称重（或量体积）药物，将药物逐渐倒入溶解用水中，边倒边搅拌，直到均匀为止。

（2）常用消毒药物使用注意事项

生石灰（氧化钙）：具有改善底质，调节 pH 值，增加钙离子浓度，促进浮游生物生长、繁殖和预防病害的作用。贮存时注意防潮吸水，晴天用药，现用现配。使用量为 $20\sim30$ 克/米^3。网箱清洁时，提起网箱一边，遍洒生石灰，让太阳暴晒 $2\sim3$ 小时，轮换进行，能杀除附着敌害生物，并能调节水质。使用生石灰后不宜马上使用敌百虫，否则两者在水中作用后，会增加毒性。

福尔马林：含甲醛 37% 的水溶液，是一种强力杀菌剂，不仅对一般细菌有杀灭作用，而且对芽孢细菌、真菌和原虫也有作用。本品药浴或全池泼洒，应根据不同生物种类的用药量要求配制使用。在水产品中福尔马林为不得检

出的有毒有害物质，因此商品鱼上市前 10 天内不得使用。

漂白粉：颗粒状粉末，灰白色，有强烈的氯臭味，有效氯含量为 25% ~ 32%，稳定性差，长时间放置或暴露于空气中将降低药效。施于水中后产生的次氯酸钠和次氯酸离子，对病毒、细菌和原生动物具有不同程度的杀灭作用。置于阴凉、干燥处密闭保存，使用前应测定有效含量以调节用量，现用现配。漂白粉使用后要暴气，注意余氯的残留。

高锰酸钾：在空气中稳定，易溶于水。本品为强氧化剂，遇有机物即放出新生态氧，其作用机理是通过氧化细菌体内的活性基团（如巯基酶等）而发挥其杀菌作用。本品对原生动物等也有杀灭作用，可药浴或全池泼洒，也用于苗种池、孵化池及工具等消毒，应根据不同生物种类的用药量要求配制使用。

敌百虫：纯品为结晶性粉末，白色。用于杀灭鱼体体表和鳃丝上的寄生甲壳类及单殖吸虫等，效果较好，但如果鱼池中混养有虾、蟹类时不能使用敌百虫，否则在极低浓度下也可能把虾、蟹类毒死。在大黄鱼网箱养殖上常使用，用法为在原装药瓶（塑料瓶）上钻几个洞，挂在网箱内的水中，逐渐把药物溶解到水中，起到控制或杀灭寄生虫的作用。

第五节　渔药给药方式

为了充分发挥药物的预防与治疗作用，必须选用正确的给药方法。水产养殖动物生活环境是水，如果发生疾病，要通过水才能给它用药，因此与陆地上饲养的牲畜不同，给药方法差别很大。以下是大黄鱼养殖中病害防治常用的给药方法（也称途径）。

一、遍洒法

遍洒法又称全池泼洒法，是疾病防治中最常用的一种方法。通常采用对病原体有杀灭作用，对鱼类安全的药物浓度，均匀地将药物泼洒在全池内。遍洒法必须准确计算出养殖水体的体积和用药量。该方法在人工育苗和池塘养殖中常使用。

二、悬挂法

悬挂法又称挂袋法或挂瓶法，将药物装在打有微孔的容器中（或在原装药瓶外刺孔），悬挂于食场周围或网箱中，利用药物缓慢的溶解速度，形成较高浓度的药区，通过鱼类到食场摄食或游经此处的习性，达到消毒的作用。在网箱养殖大黄鱼防治弧菌病和本尼登虫病时常用该方法。

三、浸浴法

浸浴法又称药浴法，将鱼类集中在较小的容器或水体内，配制较高的浓度药液，在较短的时间内强制受药，以杀死其体表或鳃内的原生动物或细菌。使用该法时应注意观察受治疗鱼类的不适反应（毒性或缺氧），如出现应及时大量加水，快速降低药物浓度。该方法常在鱼苗出池下海或外地调苗入池（箱）前使用。

四、口服法

口服法又称投喂法。就是将药物拌入饵料中，搅拌均匀后投喂，以达到内服治病或防病的目的。该方法一般是治疗细菌性疾病或肠道寄生虫病，如弧菌病或棘头虫病。

五、注射法

注射方法有两种，即肌肉注射法和胸腔注射法。在大黄鱼养殖生产中的病害防治一般不用该方法，仅人工育苗中的亲鱼性腺促熟或催产时使用，以及在大黄鱼疫病防控研究时注射免疫疫苗时使用该方法。

1. 肌肉注射

一般在背鳍基部与鱼体呈 30°~40° 角进针。注射深度根据鱼体大小，以不伤害脊椎骨为度。

2. 胸腔注射

将注射器针头沿胸鳍内侧无鳞处斜向（约 45°）插入，根据鱼体规格大小，入针深度 0.5~2 厘米，以不得伤及胸腔脏器为度。具体操作见图 4.2。

图 4.2　胸腔注射法

第二篇　职业技能

第一部分　初级工技能

第五章　理化环境监测和生物显微观察

第一节　理化环境监测

一、学习目的

◆ 掌握温度、盐度、光照度、透明度等常规理化指标的监测。

◆ 能根据大黄鱼不同阶段对温度、盐度、光照度、透明度的要求，判别环境条件是否适宜。

二、技能与操作

1. 温度的测定

测量水温的仪器为水温计。水温计按感温介质可分为煤油水温计、酒精水温计、水银水温计和数显温度计等（图5.1），不同水温计测定温度的范围和精度有所不同，应根据实际情况进行选择。一般以上水温计均能满足日常养殖水温的测定要求。不同的水温计使用方法有所不同，如煤油温度计不同于水银温度计，使用前后都不能甩，以免读数不准，具体参见产品说明书。

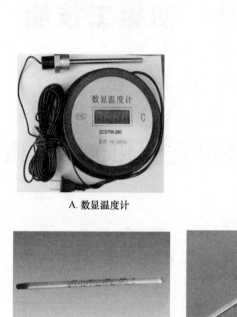

A. 数显温度计   B. 水银水温计

C. 煤油水温计   D. 酒精水温计

图5.1　各种水温计

测量水温的步骤及注意事项：

①　根据测温范围和精度要求选择合适的水温计。

②　手拿温度计的上端，温度计的玻璃泡全部浸入被测的液体中，不要碰到容器底或容器壁。

③　温度计玻璃泡浸入被测液体后要稍等一会儿，待温度计的示数稳定后

再读数。

④ 读数时温度计的玻璃泡要继续留在液体中，视线要与温度计中液柱的上表面相平。

⑤ 不能将温度计当做搅拌器使用，以免碰破感温泡。使用完毕应把温度计外壁用软布擦干净并小心轻放于盒内，防止磕碰。

2. 盐度的测定

测量海水盐度的直接方法用电子盐度计（图5.2），其通常都由传感器、测量电路和数据处理装置组成。由于其价格较贵、精度较高，一般用于实验室监测。海水比重是海水温度和盐度的函数，因此测量盐度也可以使用比重计（图5.3），再根据温度折算成盐度，或根据盐度和比重换算查询（见附录1）。渔业生产中常用海水比重计进行测量。盐度以 S 表示，没有单位。

图 5.2　盐度计

海水比重计测量海水盐度的方法与步骤：

① 使用量筒等容器装入待测海水，其深度应保证比重计不能触底。

② 将海水比重计轻轻放入装有海水的容器中，待海水比重计平稳后，读取海水比重。读取时，应保持视线与凹液面水平。

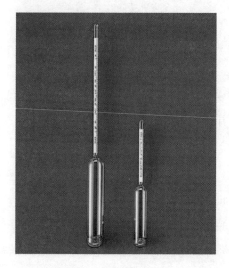

图 5.3　海水比重计

③ 使用后用清水清洗干净。

④ 根据海水比重与测定水温，换算出海水的盐度。

盐度与比重的简单换算公式为：

水温高于 17.5℃时，$S = 1\,305$（比重−1）$+0.3$（t−17.5）；

水温低于 17.5℃时，$S = 1\,305$（比重−1）$+0.2$（17.5−t）。

式中：S——盐度，t——水温。

3. 光照度的测定

光照度通常用表示光线的强度，其测量工具为光照计，又称勒克斯表，其单位为烛光（勒克斯），最常用为光电照度计（图 5.4），由微安表、换档旋钮、零点调节、接线柱、光电池、V（λ）修正滤光器等组成。

光照计的使用方法：

① 打开电源。

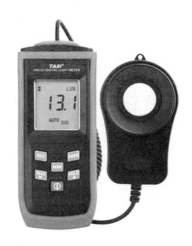

图 5.4　光电照度计

② 打开光检测器盖子，并将光检测器水平放在测量位置。

③ 根据目测对光线强度的估计，选择适合测量档位。

④ 当显示数据比较稳定时，按锁定按钮读取数据。观测值等于读数器中显示数字与量程值的乘积。

⑤ 取消读值锁定功能。连续测定 3 次并记录。

⑥ 测量完成后，按下电源开关键，切断电源，盖上光检测器盖子，并放回盒里。

4. 透明度的测定

透明度是指水样的澄清程度。水中悬浮物和胶体颗粒物越多，透明度就越低。通常地下水的透明度较高。透明度是与水的颜色和浊度两者综合影响有关的水质指标。透明度单位一般为厘米。

测定透明度的方法有铅字法、塞氏盘法和十字法等。

1. 铅字法

铅字法是根据检验人员的视力来观察水样的澄清程度。采用的仪器是透明度计（图 5.5），它是一种长 33 厘米，内径 2.5 厘米的具有刻度的玻璃筒，筒底有一磨光玻璃片。检验时，检验人员从透明度计的筒口垂直向下观察，以刚好能清楚地辨认出其底部的标准铅字印刷符号时的水柱高度为该水的透明度，并以厘米数表示。该方法由于受检验人员的主观影响较大，照明等条件应尽可能一致，最好取多次或数人测定结果平均值。此法适用于天然水或处理后的水。

图 5.5　铅字法透明度计

2. 塞氏盘法

这是一种现场测定透明度的方法。将塞氏盘（图 5.6）沉入水中，以刚好看不到它时的水深（厘米）表示透明度。塞氏盘为直径 200 毫米的白铁片盘，板的一面用十字从中心平均分为 4 个部分，颜色黑白相间，正中心开小孔，穿一铅丝，下面加一铅锤。

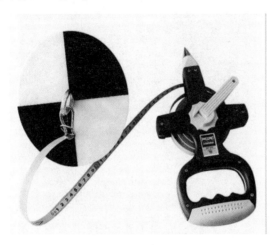

图 5.6　塞氏盘

3. 十字法

此法所用的透明度计（图 5.7）为内径 30 毫米，长 0.5 米或 1.0 米的具有刻度的玻璃筒，筒的底部放一白瓷片，片中部有宽度为 1 毫米的黑色十字和 4 个直径为 1 毫米的黑点。将混匀的水样倒入筒内，从筒下部徐徐放水，直至明显地看到十字，而 4 个黑点尚未见到为止，以此时水柱高度（厘米）表示透明度。

图 5.7　十字法透明度计

第二节　生物显微观察

一、学习目的

◆ 了解显微镜的结构组成。

◆ 熟悉低倍镜的使用方法。

◆ 掌握显微镜使用的注意事项。

二、技能与操作

1. 显微镜的结构

显微镜的结构见图 5.8。

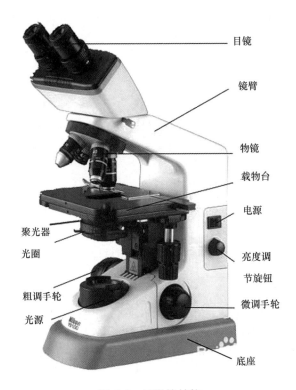

图 5.8　显微镜结构

　　普通光学显微镜的构造主要分为三部分：机械部分、照明部分和光学部分。

　　（1）机械部分

　　① 镜座：显微镜的底座，用以支持整个镜体。

　　② 镜柱：镜座上面直立的部分，用以连接镜座和镜臂。

　　③ 镜臂：一端连于镜柱，一端连于镜筒，是取放显微镜时手握部位。

　　④ 镜筒：连在镜臂的前上方，镜筒上端装有目镜，下端装有物镜转换器。

　　⑤ 物镜转换器（旋转器）：接于棱镜壳的下方，可自由转动，盘上有

3~4个圆孔，是安装物镜部位，转动转换器，可以调换不同倍数的物镜，当听到碰叩声时，方可进行观察，此时物镜光轴恰好对准通光孔中心，光路接通。

⑥ 镜台（载物台）：在镜筒下方，形状有方、圆两种，用以放置玻片标本，中央有一通光孔，我们所用的显微镜其镜台上装有玻片标本推进器（推片器），推进器左侧有弹簧夹，用以夹持玻片标本，镜台下有推进器调节轮，可使玻片标本作左右、前后方向的移动。

⑦ 调节器：是装在镜柱上的大小两种螺旋，调节时使镜台作上下方向的移动。a. 粗调节器（粗螺旋）：大螺旋称粗调节器，移动时可使镜台作快速和较大幅度的升降，所以能迅速调节物镜和标本之间的距离使物像呈现于视野中，通常在使用低倍镜时，先用粗调节器迅速找到物像。b. 细调节器（细螺旋）：小螺旋称细调节器，移动时可使镜台缓慢地升降，多在运用高倍镜时使用，从而得到更清晰的物像，并借以观察标本的不同层次和不同深度的结构。

（2）照明部分

装在镜台下方，包括反光镜、集光器。

① 反光镜：装在镜座上面，可向任意方向转动，它有平、凹两面，其作用是将光源光线反射到聚光器上，再经通光孔照明标本，凹面镜聚光作用强，适于光线较弱的时候使用，平面镜聚光作用弱，适于光线较强时使用。

② 集光器（聚光器）：位于镜台下方的集光器架上，由聚光镜和光圈组成，其作用是把光线集中到所要观察的标本上。a. 聚光镜：由一片或数片透镜组成，起汇聚光线的作用，加强对标本的照明，并使光线射入物镜内，镜柱旁有一调节螺旋，转动它可升、降聚光器，以调节视野中光亮度的强弱。b. 光圈（虹彩光圈）：在聚光镜下方，由十几张金属薄片组成，其外侧伸出一柄，推动它可调节其开孔的大小，以调节光量。

（3）光学部分

① 目镜：装在镜筒的上端，通常备有 2~3 个，上面刻有 5×、10×或 15×符号以表示其放大倍数，一般装的是 10×的目镜。

② 物镜：装在镜筒下端的旋转器上，一般有 3~4 个物镜，其中最短的刻有"10×"符号的为低倍镜，较长的刻有"40×"符号的为高倍镜，最长的刻有"100×"符号的为油镜。此外，在高倍镜和油镜上还常加有一圈不同颜色的线，以示区别。

显微镜的放大倍数是物镜的放大倍数与目镜的放大倍数的乘积，如物镜为 10×，目镜为 10×，其放大倍数就为 10×10＝100。

2. 显微镜低倍镜的使用与步骤

（1）取镜和放置

显微镜平时存放在柜或箱中，用时从柜中取出，右手紧握镜臂，左手托住镜座，将显微镜放在自己左肩前方的实验台上，镜座后端距桌边 1~2 寸①为宜，便于坐着操作。

（2）对光

用拇指和中指移动旋转器（切忌手持物镜移动），使低倍镜对准镜台的通光孔（当转动听到碰叩声时，说明物镜光轴已对准镜筒中心）。打开光圈，上升集光器，并将反光镜转向光源，以左眼在目镜上观察（右眼睁开），同时调节反光镜方向，直到视野内的光线均匀明亮为止。

（3）放置玻片标本

取一玻片标本放在镜台上，一定使有盖玻片的一面朝上，切不可放反，用推片器弹簧夹夹住，然后旋转推片器螺旋，将所要观察的部位调到通光孔

---

① 1 寸＝1/3 厘米。

的正中。

（4）调节焦距

以左手按逆时针方向转动粗调节器，使镜台缓慢地上升至物镜距标本片约5毫米处，应注意在上升镜台时，切勿在目镜上观察。一定要从右侧看着镜台上升，以免上升过多，造成镜头或标本片的损坏。然后，两眼同时睁开，用左眼在目镜上观察，左手顺时针方向缓慢转动粗调节器，使镜台缓慢下降，直到视野中出现清晰的物像为止。

如果物像不在视野中心，可调节推片器将其调到中心（注意移动玻片的方向与视野物像移动的方向是相反的）。如果视野内的亮度不合适，可通过升、降集光器的位置或开、闭光圈的大小来调节，如果在调节焦距时，镜台下降已超过工作距离（>5.40毫米）而未见到物像，说明此次操作失败，则应重新操作，切不可心急而盲目地上升镜台。

（5）整理

实验完毕，把显微镜的外表擦拭干净。转动转换器，把两个物镜偏到两旁，并将镜筒缓缓下降到最低处，反光镜竖直放置。最后把显微镜放进镜箱里，送回原处。

3. 显微镜使用注意事项

① 严忌单手提取显微镜。

② 若须移动显微镜，务必将显微镜提起再放至适当位置，严忌推动显微镜（推动时造成的震动可能会导致显微镜内部零件的松动），使用显微镜请务必小心轻放。

③ 使用显微镜时坐椅的高度应适当，观察时更应习惯两眼同时观察，且光圈及光源亮度皆应适当，否则长时间观察时极易感觉疲劳。

④ 转动旋转盘时务必将载物台降至最低点，以免因操作不当而刮伤接目

镜的镜头。

⑤ 标本染色或其他任何操作皆应将玻片取下，操作完成后再放回载物台观察，切勿在载物台上操作，以免染剂或其他液体流入显微镜内部或伤及镜头。

⑥ 观察完一种材料，欲更换另一种材料时，务必将载物台下降至最低点，换好玻片后再依标准程序重新对焦，切勿直接抽换标本，以免刮伤镜头或玻片标本。

⑦ 用毕显微镜应将载物台下降至最低点，并将低倍镜对准载物台中央圆孔处，将电源线卷好，盖上防尘罩，并收入存放柜中。

第六章　大黄鱼人工繁殖

第一节　备用亲鱼选择

一、学习目的

◆ 了解大黄鱼备用亲鱼的来源。

◆ 掌握备用亲鱼选择季节。

二、技能与操作

1. 备用亲鱼来源

为实现大黄鱼的早春育苗，一般要提早从海区网箱挑选性腺尚未成熟的个体，经室内强化培育达到性成熟后才可作为亲鱼使用。此时挑选的个体又称之为"备用亲鱼"。

大黄鱼备用亲鱼的来源，主要有3种：

① 大黄鱼原种场；

② 大黄鱼良种场；

③ 人工养殖群体。

目前，大黄鱼人工育苗所采用的备用亲鱼主要来源于人工网箱养殖的个体，其主要优势是来源充足、培育周期短、成本较低，挑选的范围较大。有条件的育苗场，为提高备用亲鱼的质量，可从大黄鱼原种场或良种场挑选或引进原种或良种备用亲鱼。

2. 备用亲鱼选择季节

① 在实际生产中，要根据育苗生产计划要求，以及亲鱼在室内培育的时间进行确定备用亲鱼挑选时间。

② 一般在育苗生产季节之前 1~2 个月从网箱养殖鱼中挑选备用亲鱼，入室内育苗池经加温和营养强化培育。在闽东地区，春季育苗大约在 12 月中旬前后、海区水温 11~13℃时进行选择较为合适。

第二节　备用亲鱼室内强化培育

一、学习目的

◆ 掌握亲鱼培育池的条件要求。
◆ 掌握亲鱼培育的放养密度要求。

二、技能与操作

1. 亲鱼培育池的选择

① 亲鱼室内强化培育池应设在安静、保温性能好、光照度较弱的育苗室内。

② 培育池大小 40~100 平方米，形状为方形或圆形均可，水深在 1.6~2.0 米。根据亲鱼的数量选择相应面积的培育池。

2. 亲鱼放养密度

放养密度在 2.0~5.0 千克/米³，为保证足够数量的亲鱼在饵料摄食时产生群体效应，摄食效果更佳，在水环境有保障的前提下，建议按较高密度放养。

第三节　人工繁殖前的准备工作

一、学习目的

◆ 熟悉育苗生产相关设施的功能设置。

◆ 熟悉育苗池消毒方法。

◆ 了解育苗用水的储备要求。

二、技能与操作

1. 育苗生产相关设施

（1）育苗室

育苗室作为繁育场的主要组成部分，是大黄鱼亲鱼室内加温培育与仔稚鱼培育的场所，生产不同阶段对光照条件的要求也具有较大差别，因此其应具备良好的保温性能和可调光条件。

其室内水泥池按功能可分为亲鱼培育池、产卵池、孵化池及育苗池。根据大黄鱼繁育技术特点，应设置亲鱼培育池、育苗池，而其他的产卵池、孵化池，其要求分别与亲鱼培育池和育苗池基本一致。为节约建造成本等因素和提高池子利用率，产卵池与孵化池将利用亲鱼培育池和育苗池进行替代。

池子面积一般为 30 ~ 60 平方米/口，水深 1.5 ~ 2.0 米，形状以长宽比 (2~3)∶1的倒角长方形或圆形为宜。同时，为提高室内亲鱼育熟效果，其中的亲鱼培育池以面积和水深大些较为合适。

（2）生物饵料培养设施

主要包括海水单胞藻类培养、轮虫培养、卤虫卵孵化、卤虫无节幼体营养强化、桡足类暂养等室内水泥池或水槽等。根据各种生物饵料集约化培养的特点，应配备充气设施，室内还应配备增温设施，以满足生物饵料培养最适条件。为防止相互间的污染，动物性饵料培育设施与植物性饵料培养设施之间应保持相互独立。为保证育苗的生物饵料供应，根据大黄鱼仔稚鱼对生物饵料的需求，一般各种生物饵料培养水体应占到育苗场水体的60%左右，且动物性饵料与植物性饵料培养池水体比例约为1∶2。

单细胞藻类培养：包括藻种室、二、三级培养池。藻种室用于单胞藻的保种和一级培养，可用 100~3 000 毫升的三角烧瓶及容积 10 升以下的透明塑料袋作为培养容器。虽然，目前较多生产单位都不配备藻种室，这与目前大黄鱼繁育生产所采用的保种较为简单的微绿球藻作为主要培养种类，以及地区内大黄鱼繁育场分布较多、能保证藻种的相互供应有较大的关系，但最好还是要配备藻种（类）室，这对保证育苗生产藻类的培养与供应具有重要意义。二级藻类培养池，主要用于藻类的中继培养，其面积 2~10 平方米/口，池深 80~100 厘米，可用小型水泥池或玻璃钢水槽。三级培养池主要用于藻类的生产性扩种培养，20~60 平方米/口，池深 100~120 厘米，可利用现有的育苗池，降低水深、保持适宜光照等条件就能满足培养要求。

轮虫培养池、桡足类暂养池：现有的育苗池基本能满足其培养条件，主要生产安排合理、池子周转良好，均可利用育苗池作为培养设施。但最好能设置动物性饵料培养室。一般轮虫培养池面积 5~60 平方米/口，水深 1.5~2.0 米；桡足类暂养池由于用于当天少量桡足类的短时间暂养，水体要求不宜太大，一般 5~10 平方米/口，亦可利用小规格轮虫培养池。

卤虫卵孵化设施：0.5~5.0 立方米/口，根据卤虫卵的孵化特点和便于卤虫无节幼体的分离操作，其孵化设施应采用底部为漏斗状的圆锥形活动水槽或水泥池。有条件的育苗场可利用卤虫无节幼体分离器进行分离。

（3）配套设施

繁育场的配套设施主要包括供电、供水、供气、增温系统及水质分析和生物检测实验室。

供电系统：应能满足生产和生活的需要，特别是用电高峰期对用电的需求。为保证繁育过程的不间断供电，避免意外断电造成的损失，还应配备备用发电机组。

供气系统：为保证育苗水体的溶解氧需求，根据生产实践，每分钟供气量为育苗水体的 1%~2%。

增温系统：根据大黄鱼春季人工繁育的水温条件和生产季节的气候、水温等条件，以及闽浙一带的育苗生产实践，每 1 000 立方米育苗水体约需配备 1 吨/小时蒸气量的锅炉。

水质分析和生物检测实验室：育苗过程中，需随时掌握育苗水质变化和仔稚鱼动态，应配备温度、盐度、pH 值、溶解氧、氨氮、亚硝基氮等常规水质理化指标的检测仪器设备和用于生物检测观察的显微镜、解剖镜等。

2. 育苗池消毒

① 新建水泥池应做去碱处理，可用草酸浸泡 15 天以上或涂料等方法处理后方可使用。

② 新、旧池以及与育苗有关的池子（如饵料池、预热池等），在使用前必须清池消毒。可用 40~50 毫克/升的漂白粉溶液或 20~30 克/米^3 的高锰酸钾溶液，泼洒池壁及池底进行消毒，数小时后，彻底刷洗干净池壁上附着的

菌膜、杂藻等附着物。

③ 育苗池洗刷、消毒后，再用消毒海水冲洗干净方可使用。

④ 各池的桶、勺子等工具应分池专用。水泥池台、地沟、地板随时用盐酸、漂白液消毒之后再用过滤海水冲洗。

3. 育苗用水的储备

① 为便于轮流维护与使用，保证育苗系统连续运行，规模较大育苗场的该系统应分两个单元设置。

② 育苗场内最大用水量要考虑到所有的饵料培养及育苗水泥池都进水一次，一个单元水系统故障时应启动另一单元水系统或一天换水两次等（如稚鱼培育后期大量投喂桡足类时）。因而，其日供水能力应不少于育苗池和饵料池的总水体。

③ 为防止水源的交叉污染，取水处应远离排水处。

第四节　亲鱼人工催产

一、学习目的

◆ 掌握麻醉水箱及架设催产操作台设置。

◆ 掌握亲鱼入池待产管理。

二、技能与操作

1. 设置麻醉水箱及架设催产操作台

① 催产操作前先把亲鱼培育池的水位降至 40 厘米左右。

②用高度约50厘米、长度与亲鱼培育池宽度相同的60目拦鱼网框将培育池分隔为两部分，并将亲鱼集中至排水口端一侧。

③在排水口端一侧靠近拦鱼网框位置放置100~150升容量的亲鱼麻醉的水箱数个，并用木板在水箱上沿与拦鱼网框上沿架设亲鱼催产注射台。

④注射台上铺设湿毛巾。

催产操作台架设见图6.1。

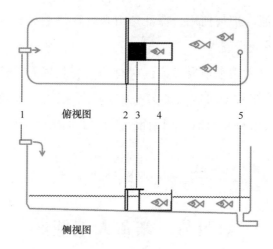

图6.1　大黄鱼池内催产操作台架设

1. 进水口；2. 拦鱼网框；3. 注射台；4. 麻醉水箱；5. 排水口

2. 亲鱼注射后入池待产及管理

注射后的亲鱼可在原池或按计划安排在其他池中待产。待产期间，应做以下几个方面的管理工作：

①待产期间保持安静，避免惊动亲鱼。

②因催产过程中亲鱼受刺激后会分泌较多黏液，使池中泡沫增多而影响水质，应及时和加大换水，保持良好和清新的水质。

③ 接近产卵效应时，可采取适量冲水，促进其自然产卵。

第五节　亲鱼自然产卵与受精卵的收集

一、学习目的

◆ 掌握室内水泥池受精卵的网箱流水收集法。

◆ 熟悉掌握室内水泥池受精卵的捞网收集法。

二、技能与操作

1. 室内水泥池受精卵的网箱流水收集法

结合流水刺激大黄鱼产卵的同时，使浮在水面上的受精卵从产卵池的溢水口流入设置在池外的集卵网箱中而被收集。这种受精卵收集法，操作简便，但用水量大，常温批量催产时可用此法。但应注意冲水量不宜过大，每次从集卵箱取卵的时间间隔不宜过长，以免损伤受精卵卵膜（图6.2）。

其操作步骤如下：

① 在产卵池排水口端设置集卵网箱，网衣采用约80目的筛绢网；网箱外套置封闭水桶；容器的高度低于集卵网箱和产卵池水位。

② 用塑料虹吸管将产卵池的水引入集卵网箱，同时在另一侧加水，控制进水量与排水量平衡。

③ 当集卵网箱受精卵达到一定时，影响水流畅通时，应及时将受精卵取出，更换集卵网箱。

④ 当产卵池内受精卵收集得差不多时，可打开底部排水口，用筛绢网收集剩余的受精卵。

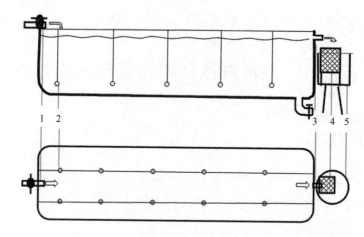

图 6.2　大黄鱼受精卵网箱流水收集法示意图

1. 进水口；2. 充气头（散气石）；3. 溢水口；4. 集卵网箱；5. 溢水槽

2. 室内水泥池受精卵的捞网收集法

此捞卵法不管在室内水泥池中或在海上网箱中产卵的均可适用。待大黄鱼亲鱼兴奋高潮叫声完全停止、当天的产卵结束后，随后即可用 60~80 目的抄网或拉网捞取（图 6.3）。该法收集受精卵较为简便，目前生产上已普遍使用。

其操作步骤如下：

① 产卵池停止充气。

② 舒展受精卵捞网网衣，系好网囊捆绳，然后两人各持受精卵捞网一边把手，捞网上沿高于产卵池水面约 10 厘米，沿产卵池两侧边缓慢来回拖取，使受精卵聚集于捞网网囊。

③ 当捞网网囊受精卵达到一定量时，提取捞网网囊，解开网囊捆绳，将收集的受精卵取出。

④ 按第②步骤继续捞取，直至基本捞取产卵池内的受精卵。

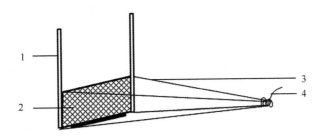

图 6.3　大黄鱼受精卵捞网结构示意图

1. 把手；2. 拦鱼网；3. 捞网网衣；4. 网囊捆绳

第六节　受精卵的人工孵化

一、学习目的

◆ 了解受精卵的孵化方法。

◆ 掌握孵化管理的基本操作。

二、技能与操作

1. 受精卵的孵化方法

生产上一般 30~60 平方米的育苗池均可作为受精卵孵化池，其人工孵化主要有以下几种方法：

（1）网箱微流水孵化法

① 在孵化池加好过滤海水，调整适宜孵化水温，散气石按每 1.5~2.0 平方米池底 1 个布设，保持微充气、微流水。

② 在孵化池中悬挂孵化网箱，孵化网箱宜圆柱形，网衣采用 80 目尼龙

筛网缝制，直径40~50厘米、高度65~75厘米，孵化网箱高于水面5~10厘米。

③ 以大约50万粒/米³的密度布卵。

④ 在仔鱼将要孵出时，再移入育苗池中孵化与育苗。

该法适用于小批量或试验性人工育苗。

（2）水泥池充气孵化法

① 在孵化池加好过滤海水，调整适宜孵化水温，散气石按每1.5~2.0平方米池底1个布设，保持微充气。

② 受精卵孵化密度10万粒/米³以下。

③ 孵化后的仔鱼在原池进行培育。

此法操作简便，可减少初孵仔鱼在转移时造成的损伤，适用于规模化人工育苗。

（3）水泥池微流水孵化法

① 在孵化池加好过滤海水，调整适宜孵化水温，散气石按每1.5~2.0平方米池底1个布设，保持微充气、微流水。

② 受精卵孵化密度10万~30万粒/米³。

③ 孵化过程加强吸污换水，保持良好水质。

④ 待仔鱼孵化后，根据初孵仔鱼数量（与投放受精卵数量有关）在原池或移池分稀培育。

该法对孵化率略有影响，对水环境理化因子要求较为严格。

2. 孵化管理的基本操作

① 适宜水温在18~25℃，适宜盐度在23~30。

② 孵化中要避免环境突变与阳光直接照射。

③ 待受精卵发育进入心跳期仔鱼将孵出时，停气5~10分钟后，吸去沉

底的死卵与污物，并适量补充新鲜海水。若忽略这一环节，将会造成死卵块悬浮在池水中，难以彻底吸除，并将影响后期的育苗水质。

④ 孵化过程要经常检查受精卵的孵化情况，观察胚胎发育状况，发现问题及时处理，并做好记录。

第七章 大黄鱼仔稚鱼室内培育

第一节 环境条件要求

一、学习目的

◆ 掌握育苗用水预处理方法。

◆ 掌握砂滤池的清洗方法。

二、技能与操作

1. 育苗用水预处理操作步骤

① 室内育苗用的海水可根据育苗用水的水源条件采取暗沉淀和砂滤等方法进行预处理。一般经 24 小时以上暗沉淀与砂滤处理。

② 根据育苗池或饵料培育池的水温做好水体的预热。

③ 用 250 目筛绢网袋过滤入池。

2. 砂滤池的清洗操作

① 当砂滤池使用一段时间后，滤水速度变慢时，应及时进行清洗，保持砂滤效果。

② 停止砂滤池进水，利用砂滤池的缓冲系统由下进水上排水的方式。

③ 清洗过程中，应及时捞除浮于水面的泡沫，直至上排水清净为止。

第二节　育苗操作与管理

一、学习目的

◆ 熟悉育苗池换水操作。

◆ 熟悉育苗池清污操作。

◆ 掌握仔稚鱼培育密度管理。

二、技能与操作

1. 育苗池换水

① 根据鱼苗的不同阶段，选择相应的筛绢网目制作的换水网箱（图7.1）换水。鱼苗越大，选择的换水网箱网目越大。一般鱼苗5日龄前80目、6~12日龄60目、13~21日龄40目、22~32日龄20目、33日龄后12目。

② 将换水网箱悬挂于育苗池排水口一侧（离育苗池底10厘米以上）。

③ 在换水网箱内放置数个散气石充气，使用软质管插入换水网箱内（虹吸管不能离换水网箱壁太近），虹吸排水。

④ 根据仔稚鱼不同阶段、培育密度的高低以及育苗池水质情况，选择适宜的换水量。换水量与鱼苗大小有着直接的关系。10日龄前，一般每天换水1次，每次换水量为30%~50%；10日龄后，一般每天换水1~2次；稚鱼前期的换水率为50%~80%；稚鱼后期为100%以上。

图 7.1　育苗换水网箱

2. 育苗池清污

① 吸污操作一般在换水前。

② 用吸污器（图 7.2 和图 7.3）插入池底，在吸污器的排污管末端套接过滤网袋。

③ 采取分区停气的方法，缓慢从育苗池一侧来回至另一侧，吸去池底的残饵、死苗、粪渣及其他杂物。

④ 收集排出的仔稚鱼活体、尸体等，检查仔稚鱼生长、存活与残饵情况。

⑤ 每隔 3~5 天，刮除池壁上的黏液与附着物。

3. 仔稚鱼培育密度管理

① 低密度培育仔稚鱼，一般为静水培育，在较高密度条件下需使用微流水培育。

② 若仔稚鱼密度大、水质不好，可考虑间断性流水培育。

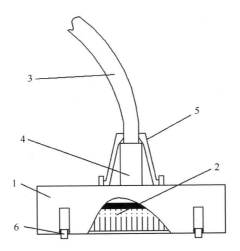

图 7.2　育苗吸污器底部结构示意图（专利号：201220265024.6）

1. 外壳；2. 刷子；3. 吸污管；4. 方向调节器；5. 撑架；6. 滑轮

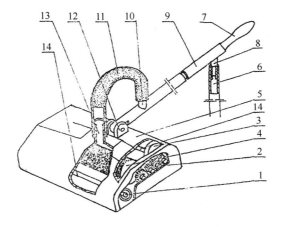

图 7.3　育苗吸污器侧视结构示意图（专利号：90214095.7）

1. 辅助轮；2. 齿轮组；3. 滚轮；4. 毛辊刷；5. 外壳；6. 软管；7. 手柄；

8. 接口；9. 排污管；10. 接口；11. 软管；12. 支座；13. 排污口；14. 辊轴

③ 育苗密度较高时，为防止缺氧，要分区轮流停气吸污或不停气吸污；育苗密度低时，仔鱼开口投饵的 3 天内可不吸污。

第三节　苗种质量与出池

一、学习目的

◆ 熟悉出苗的条件要求。
◆ 掌握室内鱼苗出池的鱼苗诱集、搬运等基本操作。

二、技能与操作

1. 出苗的条件要求

出池是指鱼苗在室内培育到一定规格时，从育苗室移入海上网箱进行中间培育的操作过程。大黄鱼鱼苗一般通过约 40 天的室内水泥池培育，达到一定规格时，育苗水质较难控制，且易发生病害，同时为降低室内育苗的水处理、饵料等成本和压力，就可选择适时出池。鱼苗出池应满足以下条件：

① 大黄鱼鱼苗规格达到平均全长 25~35 毫米；
② 苗种培育海区的自然水温达到 13℃ 以上；
③ 完成海区培育网箱的设置与准备工作。

2. 出苗过程与操作

大黄鱼室内出苗过程包括鱼苗的诱集、搬运、运输等操作。

（1）鱼苗的诱集

根据全长 25~35 毫米的大黄鱼鱼苗具有较强的趋光性特性，进行趋光集中。若鱼苗处于光照度较低的室内，可用灯光诱集；若室内光照度较强，可用不透光的黑塑料薄膜遮盖池面的一端，使鱼苗趋光集群至池子的另一端（图7.4）。

图7.4　大黄鱼鱼苗出苗光线诱集

（2）鱼苗的搬运

对于高程差小于3米的，可用水桶带水快速搬运到运输车、船；对于高程差大于3米以上，则采用塑料软管虹吸，效果更佳、更简便，且鱼苗不易损伤。虹吸法出苗见图7.5。

（3）鱼苗的运输

① 活水船是运输鱼苗的首选运输工具，其对长短途的鱼苗运输均较适用。运输时，在活水船舱内设置网箱装载鱼苗，通过配备充气装备增氧和使用水泵保持舱内运输海水与舱外自然海水的自由交换，保持水中溶氧充足。运输密度与运输时间长短有关，一般2~3小时运程内的鱼苗运载密度约25万尾/米³；10小时以上运程的运载密度约10万尾/米³。24小时以上长途运输，为防止鱼苗自相残食及影响其活力，中途可少量投喂。

② 车运鱼苗短途可用容器充气运输，为保证运输成活率，运输水温宜控制在20℃以下，运载密度宜控制在10万尾/米³以内。

③ 少量鱼苗也可使用塑料薄膜袋充氧运输，运输时水温宜控制在 14~15℃，每个 40 厘米×70 厘米塑料薄膜袋（装海水 10 升），10 小时以上运程的每袋装苗 200~300 尾，短途的装苗量可酌量增加。

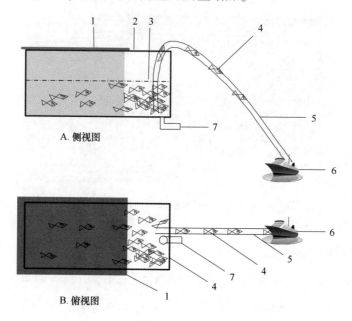

图 7.5　大黄鱼鱼苗虹吸出苗法示意图

1. 黑塑料薄膜；2. 育苗池；3. 水位线；4. 鱼苗；5. 虹吸管；6. 运输活水船；7. 排水管

3. 出苗前后注意事项

① 天气温度较低时要选择晴天的午后至傍晚；温度较高时要选择阴天或晴天的早、晚。

② 鱼苗从育苗池出到海区网箱的日期应安排在潮流较缓的小潮汛期间；出苗当天最好选择在低平潮水流平缓时，以让鱼苗逐渐适应海区的水流环境。

③ 育苗池的水温、盐度与中间培育网箱设置海区的差别较大时，应在出

苗前以每天温度2℃、盐度3的幅度进行调节使其接近。

④ 应检查鱼苗是否有"应激反应"。若有应推迟出苗时间，可使用在饵料中添加鱼用多维，以及使用桡足类投喂对鱼苗进行强化培育几天，待其"应激反应"症状消失后再出苗。

⑤ 出苗前12小时停止投饵。

⑥ 出苗前应对育苗池进行彻底的吸污与换水。

第八章　育苗生物饵料的
规模化培养与开发

第一节　单细胞海水藻类培养

一、学习目的

◆ 了解海水鱼类人工育苗常用的单细胞藻种类。

◆ 掌握大黄鱼人工育苗海水小球藻的环境条件要求。

◆ 掌握单细胞藻类生产性培养（三级培养）的器具及用水消毒方法。

二、技能与操作

1. 海水鱼类人工育苗常用的单细胞藻种类

单细胞藻类，简称单胞藻（图8.1），又称微藻。单胞藻具有营养丰富、太阳能利用率高、生长繁殖迅速、容易培养等特性，是水产养殖动物重要的生物饵料。

生产上常用的单胞藻种类隶属于硅藻类、绿藻类、金藻类。硅藻类主要有三角褐指藻、新月菱形藻、牟氏角毛藻、中肋骨条藻等；绿藻类主要有亚心形扁藻、小球藻、微绿球藻等；金藻类主要有等鞭藻、湛江等鞭藻。

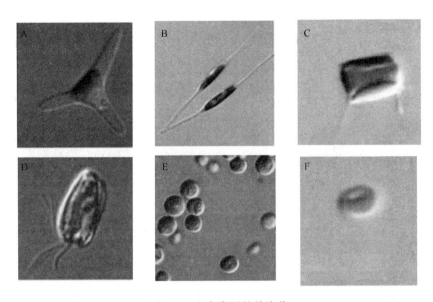

图 8.1　生产常用的单胞藻

A. 三角褐指藻；B. 新月菱形藻；C. 牟氏角毛藻；D. 亚心形扁藻；E. 小球藻；F. 微绿球藻

2. 大黄鱼人工育苗海水小球藻的环境条件要求

（1）海水小球藻的生物学特征

人工育苗常用的单细胞藻种类为微绿球藻，属绿藻门，绿藻纲，四胞藻目，胶球藻科，在海水鱼养殖生产中习惯称之为海水小球藻。其细胞球形，细胞壁极薄，具淡绿色的色素体 1 个，眼点淡橘红色。在生长良好的情况下，色素体很深，不容易观察到眼点。人工培养快速生长时，细胞会变小。繁殖方式为无性生殖的细胞二分裂，其繁殖力大于小球藻。微绿球藻因其易保种、生长繁殖迅速、培养所要求的生态条件简单等特点，成为目前大黄鱼育苗生产单细胞藻类的主要培养种类。

（2）生态条件要求

① 盐度：对盐度的适应性很广，可在盐度 4~36 的范围中生长繁殖，并可保存在盐度 2~54 的海水中。

② 温度：在 10~36℃ 的温度范围内都能比较迅速地繁殖，最适温度范围 25~30℃。

③ 光照：适光范围广，偏强光，最适光照强度在 10 000 勒克斯左右。

④ 酸碱度：最适 pH 值范围 7.5~8.5，相对于小球藻 pH 值的最适范围 6~8，更适合自然海水的培养条件。

⑤ 水质环境：微绿球藻要在有机质丰富，特别是氨盐丰富的水环境中生长繁茂。

3. 生产性培养用水及器具的消毒处理

（1）用水的消毒处理

① 海水经 250~300 目筛绢过滤加入培育池。

② 使用含氯制剂进行消毒，常用漂白粉（有效氯达到浓度 25%~30%）。加入漂白粉，使池水有效氯达到浓度。

③ 消毒 24 小时后，再曝气 4 小时后，用等量的 Na_2SO_3 中和，去除有效氯后使用。

（2）器具的消毒处理

① 新建水泥池应做去碱处理，可用草酸浸泡 15 天以上或涂料等方法处理后方可使用（对于新建水泥池，由于具有"反碱"现象，需每天测量 pH 值，并调节到适当范围内）。

② 扩大培养的水泥池用漂白液泼洒，消毒适当时间，用消毒海水冲洗干净。

③ 各池加营养盐的桶、勺子等工具应分池专用。水泥池台、地沟、地板

随时用盐酸、漂白液消毒之后再用消毒海水冲洗。

第二节　褶皱臂尾轮虫的规模化培养

一、学习目的

◆ 掌握褶皱臂尾轮虫培养的环境条件要求。
◆ 掌握室内水泥池和室外土池褶皱臂尾轮虫的接种操作。

二、技能与操作

1. 皱臂尾轮虫培养的环境条件要求

① 褶皱臂尾轮虫生长适温和适盐较广。最适的水温范围 23~28℃。在适温范围内，适当提高水温可促进轮虫的增殖。

② 最适的盐度范围 15~25，在适盐范围内，适当降低盐度可加快轮虫的扩繁。

③ 水温的突然明显下降或盐度突然明显提升，将造成轮虫的活力下降、沉底死亡，或形成休眠卵，导致轮虫培养的失败，应避免温度和盐度的突变。

2. 室内水泥池轮虫接种

① 培养水泥池经 200 目过滤加入海水。

② 接入浓度（6~8）×10^6 个细胞/毫升的微绿球藻。若密度太小，不能满足接种轮虫的营养需求；若密度太大，反而会抑制轮虫的增殖。

③ 轮虫接种密度可根据供接种轮虫的数量与培养池的水体而定，一般以 50~80 个/毫升为宜。接种的轮虫以单胞藻培养、个体较大、抱卵率较高的为

佳，入池前应筛除大小杂质和桡足类、原生动物等敌害生物，并彻底清洗。

④ 轮虫接入后应连续微充气，以保证高密度培养条件下水体充足溶解氧，以及使投喂的酵母饵料在水体中保持悬浮状态，减少酵母沉底腐败而污染水质。

3. 室外土池或水泥池的轮虫接种

① 室外培养池用水经消毒（参见土池培养轮虫用水处理）5~7 天毒性降解后，施以 5 克/米³ 尿素和 2 克/米³ 的过磷酸钙。

② 接入少量微绿球藻种，再经过 3~5 天、待水色变浓、透明度降近 20 厘米时，即可按 5~10 个/毫升的密度接种轮虫。对往年已培养过轮虫的土池，由于淤泥中沉积有轮虫休眠卵，可不接种或少量接种。

③ 接种时要注意温度、盐度的差距，防止温盐差较大对接种轮虫的影响。

第三节 卤虫无节幼体的孵化与营养强化

一、学习目的

◆ 熟悉卤虫卵的孵化条件要求。
◆ 掌握卤虫卵的消毒方法。
◆ 掌握卤虫卵的孵化用水的配制调节方法。

二、技能与操作

1. 卤虫卵的孵化条件要求

水温 25~30℃；盐度 30~70；溶解氧 5 毫克/升以上；光照 1 000 勒克斯；

pH 值 7.5~8.5。

2. 卤虫卵的消毒方法

卵壳外常附有细菌、纤毛虫等有害生物，孵化前需进行消毒。常用的消毒方法：

① 将卤虫卵放入 120 目筛绢袋内，海水浸泡 15 分钟，让干卵吸水散开。

② 用 200 毫克/升福尔马林溶液浸泡 30 分钟，冲洗至无气味。

③ 用 300 毫克/升高锰酸钾溶液浸泡 5 分钟，海水冲洗至漏出水无颜色。

此外，卤虫卵在孵化前用二氧化氯等消毒剂进行表面消毒，可以有效地减少细菌量；施用过氧化氢不但可以激活卤虫休眠卵，而且可以杀灭孵化水体中的细菌。曾有报道，使用 0.1~0.3 毫克/升浓度的过氧化氢，卤虫卵的孵化率从 30%~50% 提高到 70%~80%。

3. 卤虫卵的孵化用水的配制调节

① 海水经沉淀、砂滤后使用，最好在使用前经过紫外线消毒，有效地减少细菌群数，预防细菌感染。

② 根据海水的盐度，通过加盐或盐卤等方式调节卤虫卵孵化用水的盐度至 30~70，稍提高盐度有利于卤虫卵上浮，可提高孵化率。

③ 通过加热棒等保持孵化水温 25~30℃。

第四节　桡足类的规模化开发

一、学习目的

◆ 掌握活体桡足类的室内暂养方法。

◆ 熟练人工育苗桡足类的投喂方法与操作。

二、技能与操作

1. 活体桡足类的室内暂养方法

① 海区挂无翼张网捕捞或海水池塘培养的桡足类，运到育苗场后，先静置一会儿。

② 虹吸上面活力好的桡足类收集在网袋里，经去除杂质清洗后置于桡足类暂养池暂养。暂养密度为 5~10 千克/米²。

③ 暂养池按 1~2 个/米² 设置气石，连续充气，保证桡足类对溶解氧的需求。

④ 高温季节，可使用冰袋等进行降温，延长桡足类的暂养时间和保持桡足类的新鲜度。

2. 人工育苗桡足类的投喂方法与操作

① 不同来源的桡足类经去除杂质后，按不同阶段仔稚鱼的口径大小用 20~60 目的筛网筛选出适口个体，仔稚鱼个体越小选择的筛网网目越小。

② 桡足类的投喂时间一般为 8~30 日龄，育苗水体中的密度保持在 0.2~1 个/毫升。根据育苗水体的桡足类保持密度与育苗池存余的桡足类数量，计算所需投喂桡足类的数量。

③ 在投喂过程中，要坚持少量、多次和均匀泼洒的原则。如果是使用暂养的桡足类，从暂养池的底部捞取，以保证刚死亡的新鲜桡足类及时投喂。

④ 暂养水温高时，需注意死亡沉底桡足类容易变质，投喂可能会引起鱼苗的批量死亡，或引起育苗池的水质恶化。在这种情况下，应从暂养池的底部以上捞取尚未死亡的桡足类进行投喂。

⑤ 桡足类等天然活体饵料由于供饵时间的不确定性，时常晚上时间运输至育苗场，为避免暂养至次日影响其成活率和质量，可采取晚上开灯投喂。此法也可用于加快鱼苗的生长，便于赶上海区潮水（一般为小潮）提早出苗。

第九章　大黄鱼网箱养殖

第一节　网箱养殖海域选择、制作与设置

一、学习目的

◆ 能科学选择网箱规格。

◆ 能根据不同海域水域条件和放养鱼种规格设置挡流网。

◆ 掌握网箱投饵框的设置方法。

◆ 熟悉设置网箱的海域选择。

二、技能与操作

1. 网箱规格选择

① 大黄鱼具有鳞片易脱落的特性，其养殖网箱的网衣一般以质地柔软的聚氯乙烯胶丝或维尼龙线编织的结节网片缝制；同时为减少刮伤大黄鱼鱼体几率，其网衣的网眼比其他同规格养殖鱼所用网箱稍偏小。

② 为保持网衣的形状，避免网衣受力不均而破损，网衣的各面交接处及网口均缝制纲线。

③ 网衣规格包括网箱大小和网衣大小，其要根据养殖大黄鱼的规格大小

而定。一般鱼种培育阶段使用小规格小网眼的网箱，成鱼养殖阶段使用大规格大网眼的网箱。

④ 大黄鱼鱼种培育阶段（规格 100 克/尾以下），网箱大小一般为 2 个通框（4 米×4 米网箱框位为 1 个通框，下同），网深 4.0~6.0 米；网衣网目长为：放养全长 20~30 毫米鱼苗的 3~4 毫米；放养全长 40~50 毫米鱼苗的 5~6 毫米；放养全长 50 毫米以上 10 毫米。

⑤ 大黄鱼养成阶段（规格 100 克/尾以下），以 3~9 个通框为宜，即面积 48~144 平方米，网深 4~8 米。对潮流较为畅通、水深条件较好的海域，也可选择 12~24 个通框、深度 8~10 米的大网箱；网衣网目长可根据不同阶段鱼体大小选择，一般为 20~50 毫米。

2. 挡流网设置

① 一般在潮流较大海区进行大黄鱼养殖时，需使用挡流网，以减小或调整网箱内水流的大小以适应不同规格大黄鱼养殖，同时起到拦截垃圾的作用。

② 挡流网一般采用直径 2.5~3.0 厘米的镀锌管焊接加工成方形框架，再缝上 40 目的单层筛绢网而成。

③ 挡流网沿渔排楔形两端、潮流方向设置，上端用聚乙烯绳子固定在渔排框架上，下一端系在桩绳上或用砂袋作坠子，使其在潮流作用下仍呈垂直状，以发挥较好的挡流效果。

④ 挡流网片的大小可根据所养鱼体规格、海区潮流的大小灵活调整。通过设置挡流网，使网箱内的水流流速降至 0.1~0.3 米/秒。鱼种培育阶段挡流后流速一般控制在 0.1~0.2 米/秒，成鱼养成阶段一般控制在 0.2~0.3 米/秒。

3. 投饵框的设置（图 9.1）

① 投饵框用 60 目尼龙筛网缝制，网高 50 厘米，其中露出水面 20 厘米，

入水深度30厘米；面积占网箱面积的20%～25%。

② 投饵框设置在围网内中央区域。从投饵框的四角引出绳子以"活结"分别固定在网箱的四个角上。

③ 经过设置网箱投饵框，投喂浮性饲料时，饲料不易因水流而漂走和流失，而大黄鱼却可由四周从30厘米深的投饵框下进入摄食。

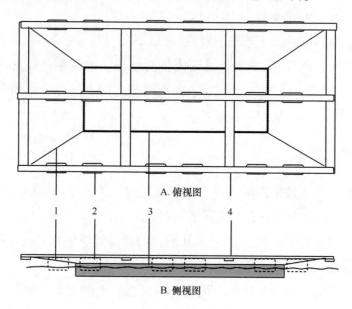

A. 俯视图

B. 侧视图

图9.1 网箱投饵框结构示意图

1. 拉绳；2. 浮球；3. 投饵框；4. 网箱框架木条

4. 设置网箱的海域选择

（1）具有良好抗风浪条件

应选择在避风条件好的港湾内，附近有山头与岛屿阻挡的海域，或人工设置固定式与浮动式防浪堤的海域作为网箱设置区域。

（2）适宜潮流和水深条件

兼顾养殖区水体交换和便于通过挡流措施控制网箱养殖区内水体流速，宜选择水体流速在 2 米/秒以内海区，最宜 1~2 米/秒；流向要平直而稳定，即以往复流的海区较适宜，不宜设置在有回旋流的海区。海区有效水深（平潮时）要在 10 米以上，最低潮时网箱离海底至少有 2 米以上的距离。

（3）周边环境与水质条件良好

设置网箱的海区水质要符合 NY 5052—2001《无公害食品 海水养殖用水水质》标准，上游应无工业"三废"或医疗、农业、城镇排污口等污染源。要求海区年表层水温变化在 8~30℃，盐度在 13~32，溶解氧 5 毫克/升以上，pH 值 7.5~8.6。透明度在 1.0 米左右，太大会引起鱼种惊动与不安，且网箱易附生附着生物，透明度太小时会影响摄食。

第二节　网箱培育大黄鱼鱼种

一、学习目的

◆ 掌握苗种投放方法。

◆ 掌握分苗方法。

二、操作步骤

1. 苗种放养

（1）鱼苗选择

根据网箱区的不同条件投放不同规格的鱼苗。潮流湍急的网箱区，挡流条件较差的，宜购买 50 毫米以上规格较大的苗种；若箱内流速较缓，离育苗室较近且交通方便的，可购买刚出池的全长 25~30 毫米小规格鱼苗，以降低购苗成本。

（2）放养时间

放养鱼苗要尽量选择在小潮汛期间及当天的平潮流缓时段。低温季节宜选择在晴好天气且无风的午后；高温季节宜选择天气阴凉的早晨与傍晚进行。

（3）放养条件

网箱的鱼苗放养密度同水温高低与鱼苗大小规格密切相关。在水温 15℃ 情况下，一般全长 30 毫米左右的鱼苗放养密度 1 500~2 000 尾/米^3；全长 50 毫米左右的苗种放养密度 1 000~1 500 尾/米^3。若水温 25℃，放养密度需降低 20%~30%。同一口网箱放养的鱼苗规格力求整齐，以免互相残食。为了防止病原体的带入，利用装桶提苗的间隙，在提桶内以消毒剂的淡水溶液进行消毒。鱼苗放养时，由于其抗流能力较弱，网箱内的流速宜控制在 0.1 米/秒以内。

2. 分苗方法

① 鱼苗经过一段时间培育，出现规格不匀的现象，则需要进行分级饲养，即及时进行分苗。

② 分苗时，用竹竿架在框架木板上，慢慢推移网衣将鱼驱集在网箱的一边，以手工逐条挑选。一般分 3 种规格分养，即"去大小，留中间"方法，将大、小规格的鱼种分别用手提桶移至新网箱中以适宜的密度放养。

③ 分选操作前一天要停食，使鱼呈空胃状态。分选操作要细心、轻快，避免鱼体受伤。

④ 注意观察鱼的状态，防止缺氧；在高温季节尽量不进行分选操作，以避免应激过大而致病。

第三节　大黄鱼网箱养成与管理

一、学习目的

◆ 熟悉养成投喂饲料的种类及其加工方法。

二、技能与操作

1. 养成饲料及加工投喂

目前大黄鱼养成饲料主要有冰鲜杂鱼饲料和人工配合饲料两种。

（1）冰鲜杂鱼饲料及加工

冰鲜料在大黄鱼网箱养殖中作为最主要的饲料来源。冰鲜杂鱼需加工后进行投喂，大黄鱼商品鱼养殖阶段，经加工的冰鲜饲料的饵料系数略高于5，而未经加工的小杂鱼虾饵料系数高的可达8~10。其加工方法主要有两种：① 用刀或切肉机把饵料鱼切成适口的鱼肉块。该方法加工方便，在水中不易溃散，对水质影响较小，缺点是在水中沉降速度相对较快，如投喂速度较快易造成沉底浪费，而且不易添加其他营养成分和防病药物等，其营养较为单一。该种方式一般用于室内亲鱼培育。② 加工成浮性团状肉糜。冰鲜小杂鱼用绞肉机经2~3次绞碎成黏性强的浮性团状肉糜饲料。该方法可以混入部分粉状配合饲料，或其他鱼、贝肉等饵料，或添加防病药物，也便于添加维生素等添加剂，可配制营养较为全面的人工配合饲料，而且经加工后其比重较轻，可浮于养殖水面，适合大黄鱼摄食速度慢的习性。其主要缺点是在水中较容易溃散流失，不仅易造成饲料的浪费，而且对养殖环境的污染压力较大。

（2）人工配合饲料及其种类

大黄鱼人工配合饲料在中成鱼养殖阶段尚无法达到投喂冰鲜杂鱼的养殖效果，目前应用较好的主要局限在苗种阶段、养殖高温期，以及禁渔期冰鲜杂鱼饲料稀缺的情况下作为冰鲜杂鱼替代饵料。大黄鱼配合饲料有 3 种形态，即颗粒饲料（普通和慢沉性）、浮性膨化饲料、湿颗粒饲料（又称软颗粒饲料，一般是用粉料加鱼浆或水按一定比例混合均匀，经绞肉机制成水分含量在 30%~40% 的湿软饲料）。目前，应用较广的是浮性膨化饲料，因其浮于水面较适合大黄鱼的摄食习性，既能避免营养流失和污染水质，又方便养殖者观察鱼摄食情况，饲料利用率高、不易流失。而颗粒饲料和湿颗粒饲料或因沉降快易流失，或因加工投喂较为费时和不易保存等原因，其应用范围受到较大限制。

第四节　大黄鱼养殖病害防治

一、学习目的

◆ 能辨别养殖对象的异常现象。

◆ 能对养殖动物尸体和病体进行掩埋、焚烧等无害化处理。

◆ 能正确泼洒药物。

二、技能与操作

1. 养殖对象的异常现象观察

（1）观察养殖鱼的状态

观察鱼的游动情况，病鱼往往游动缓慢或离群独游；观察鱼的摄食情况，病鱼往往不与群体鱼抢食，摄食量少或停止摄食。

（2）观察体表情况

将病鱼捞起，观察体表有无溃烂，溃烂的具体部位和形状，如烂头、烂尾一般是弧菌病；观察体表有无斑点，斑点的大小、数量和颜色等情况都要仔细观察，如刺激隐核虫病体表有许多小白点；观察体表颜色变化情况，鱼生病后体色往往会发生变化，有的颜色变深、有的变浅，如肠炎病体色一般变深，白鳃症体色变浅（黄）及鳍条黑色素减退；观察鳃部情况，鱼鳃是鱼的重要器官，与外界接触密切，容易发生病变，观察内容有鳃组织的颜色、鳃丝中的杂质等，如白鳃症的鱼鳃颜色鲜红色变浅，刺激隐核虫病的鱼鳃中可见许多小白点。

（3）观察水色

海水的颜色一般来说变化不大，如出现异常变化，说明水质发生变化，应及时进行检测。近岸水多数时间较混浊，透明度小；远离岸边的水一般较清，透明度大。如果水的颜色变成黄色、褐色甚至红色，可能是发生了赤潮。

2. 养殖动物尸体和病体的无害化处理

为避免或切断病原的传播，病死动物需做无害化处理，即指用物理、化学等方法处理病死动物尸体及相关动物产品，消灭其所携带的病原体，消除动物尸体危害的过程。

目前主要无害化处理方法有掩埋法、焚烧法等。

（1）掩埋法

指按照相关规定，将动物尸体及相关动物产品投入化尸窖或掩埋坑中并覆盖、消毒，发酵或分解动物尸体及相关动物产品的方法，主要有：

① 直接掩埋法。选择地势较高、处于下风向的地点挖掩埋坑，应远离养殖场厂、动物屠宰加工场所、动物隔离场所、动物诊疗场所、动物和动物产

品集贸市场、生活饮用水源地、城镇居民区、文化教育科研等人口集中区域、主要河流及公路、铁路等主要交通干线。掩埋坑体容积以实际处理动物尸体及相关动物产品数量确定，掩埋坑底应高出地下水位1.5米以上，要防渗、防漏，在坑底撒一层厚度为2~5厘米的生石灰或漂白粉等消毒药。将动物尸体及相关动物产品投入坑内后进行掩埋，最上层应距离地表1.5米以上。

② 化尸窖。化尸窖应结合本场地形特点，宜建在下风向；乡镇、村的化尸窖选址应选择地势较高，处于下风向的地点。化尸窖应远离动物饲养厂（饲养小区）、动物屠宰加工场所、动物隔离场所、动物诊疗场所、动物和动物产品集贸市场、泄洪区、生活饮用水源地；应远离居民区、公共场所，以及主要河流、公路、铁路等主要交通干线。

（2）焚烧法

指在焚烧容器内，使动物尸体及相关动物产品在富氧或无氧条件下进行氧化反应或热解反应的方法，主要有直接焚烧法和炭化焚烧法。

① 直接焚烧法。将动物尸体及相关动物产品或破碎产物，投至焚烧炉本体燃烧室，经充分氧化、热解，产生的高温烟气进入第二燃烧室继续燃烧，产生的炉渣经出渣机排出。

② 炭化焚烧法。将动物尸体及相关动物产品投至热解炭化室，在无氧情况下经充分热解，产生的热解烟气进入燃烧室继续燃烧，产生的固体炭化物残渣经热解炭化室排出。

3. 药物泼洒法

对于药物泼洒，主要用于室内育苗水体的消毒、仔稚鱼病害的防治等。泼洒药物时应遵循以下原则：

① 消毒药物基本都是化学品，装盛的容器不应为金属物，可用木质、塑料或陶瓷容器。

② 固体或粉状类药物要经淡水或海水溶解后再泼洒。

③ 药物泼洒时，尽量做到均匀，防止局部水体药物浓度过高。

④ 对于毒性较大或药效浓度范围较窄的药物泼洒时，要注意随时观察，如发生异常现象应及时换水；有些药物泼洒容易造成水体缺氧，要注意增氧。

第二部分　中级工技能

第十章　理化环境监测和生物显微观察

第一节　理化环境监测

一、学习目的

◆ 掌握 pH 值、溶解氧等常规理化指标的监测。

二、技能与操作

1. pH 值、溶解氧等常规理化指标的监测

酸碱度即指水中氢离子浓度，一般以 pH 值表示。实验室常用的检测方

法主要有 pH 电极法和比色法。在生产上常用便携式水质监测仪进行检测（图 10.1），具体检测方法参照相应型号监测仪操作说明书。

图 10.1　便携式多功能水质监测仪

溶解氧主要是由大气中溶入和浮游植物或其他水生植物的光合作用产生，其消耗主要是水生生物的呼吸和有机物分解，用"毫克/升"表示。海水中溶解氧的测定方法主要分为容量法、电化学分析法及光度法、色谱法、Winkler 测定法等。

第二节　生物显微观察

一、学习目的

◆ 掌握显微镜高倍镜的使用方法。

二、技能与操作

高倍镜的使用方法。

（1）选好目标

一定要先在低倍镜下把需进一步观察的部位调到中心，同时把物像调节到最清晰的程度，才能进行高倍镜的观察。

（2）转动转换器

调换上高倍镜头，转换高倍镜时转动速度要慢，并从侧面进行观察（防止高倍镜头碰撞玻片），如高倍镜头碰到玻片，说明低倍镜的焦距没有调好，应重新操作。

（3）调节焦距

转换好高倍镜后，用左眼在目镜上观察，此时一般能见到一个不太清楚的物像，可将细调节器的螺旋逆时针移动0.5～1圈，即可获得清晰的物像（切勿用粗调节器）。

如果视野的亮度不合适，可用集光器和光圈加以调节，如果需要更换玻片标本时，必须顺时针（切勿转错方向）转动粗调节器使镜台下降，方可取下玻片标本。

第十一章　大黄鱼人工繁殖

第一节　备用亲鱼选择

一、学习目的

◆ 了解备用亲鱼的基本质量要求。

◆ 掌握备用亲鱼的雌雄鉴别。

二、技能与操作

1. 大黄鱼备用选择与质量要求

亲鱼是人工繁殖中最重要的物质基础，亲鱼质量的好坏直接关系到育苗的成败，因此亲鱼的选择与培育在整个大黄鱼人工育苗环节中显得特别重要。为了避免近亲繁殖而引起的种质退化，在选择具有生长快等各种优良经济性状的养殖大黄鱼作为亲鱼的同时，应遵循以下原则：

① 选择体形匀称、体质健壮、鳞片完整、无病无伤的个体。

② 2 龄雌鱼的体重在 800 克以上，雄鱼 400 克以上；3 龄鱼雌鱼 1 200 克以上，雄鱼 600 克以上。

③ 个体生长差异较大的网箱养殖鱼作为选择群体，并从中选择生长速度

相对较快的个体作为亲体。

④ 亲鱼组成最好选择来自不同海区或不同养殖模式的个体，且数量最好达 500 尾以上。

⑤ 在室内水泥池自然产卵的大黄鱼亲鱼，雌雄比例为（2~1）：1，自然产卵与受精效果无明显差别，为降低生产成本，亲鱼雌雄比以 2：1 较为适宜，可考虑雌雄性腺成熟情况对雌雄比例作适当调整。

⑥ 春季育苗亲鱼一般不会同时成熟，所需备用亲鱼的数量按生产 100 万尾全长 30 毫米规格的鱼苗需 1 000 克左右雌鱼 30~40 尾的标准进行挑选，并按雌雄性比配合相应的雄鱼。

2. 备用亲鱼雌雄鉴别

春季育苗选择的备用亲鱼在外表上雌雄的性征尚不明显。但一般可按照"雌鱼的体形较宽短，吻部较圆钝；而雄鱼的体形较瘦长，吻部相对较尖锐，有的可挤出精液"的特征进行区分。

第二节　备用亲鱼运输

一、学习目的

◆ 了解大黄鱼备用亲鱼的运输方法。

二、技能与操作

1. 备用亲鱼运输方法

（1）运输工具

备用亲鱼从海上网箱区捞取（图11.1-A），中途搬运（图11.1-B）到活水船（图11.1-C），再运至室内育苗池进行强化培育，亦可使用活水车或水桶、帆布箱充氧运输。

（2）运输时间

选择晴好天气、风浪不大、水温适宜时进行。

（3）运输密度

设备完善的活水船，亲鱼的运输密度可达 100～120 千克/米^3；使用活水车或水桶、帆布箱充氧运输，一般在 30 千克/米^3 左右，且不宜 10 小时以上的长途运输。

图 11-1　活水船运输网箱挑选亲鱼

A. 亲鱼捞取；B. 中途搬运；C. 装载

第三节　备用亲鱼室内强化培育

一、学习目的

◆ 掌握亲鱼室内强化培育饵料投喂技术。

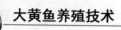

二、技能与操作

1. 室内亲鱼强化培育的饵料投喂

（1）饵料种类

培育大黄鱼亲鱼的饵料一般有冰鲜鲐鲹、小杂鱼、贝肉或配合饲料。首先要保证具有良好的新鲜度。有条件的地方可搭配投喂一些沙蚕等活体饵料，既可保证饵料鲜度与亲鱼的喜食，又不影响水质，而且营养价值高对促进亲鱼的性腺发育有很大的帮助。

（2）投喂方法

为减少对池水的污染，冰冻鱼表面稍加解冻后即可切成亲鱼适口的块状，并洗净、沥干后投喂。人工配合饲料投喂时，可在饲料中适量添加维生素 E 等多种维生素，以促进性腺成熟和提高卵的质量。

（3）投喂量

鲜料日投饵率为亲鱼体重的 5%～8%。配合饲料为 1%～2%。每天投喂的时间一般选择在早晨与傍晚各 1 次，并应根据摄食情况适时调整投喂量。

第四节　成熟亲鱼的选择与雌雄鉴别

一、学习目的

◆ 成熟亲鱼的选择与雌雄鉴别。

二、技能与操作

1. 成熟亲鱼的选择与雌雄鉴别

① 由于亲鱼的性腺发育进程不可避免地会存在着个体间的差异，即使是同一批亲鱼，也不可能全部同时都达到可以催产的成熟程度。因此，要从培育的亲鱼中分批挑选出符合人工催产要求的成熟亲鱼。

② 适度成熟的大黄鱼雌鱼，上下腹部均较膨大，卵巢轮廓明显，腹部朝上时，中线凹陷，若用手触摸，即有柔软与弹性感，用吸管伸入泄殖孔，吸出的卵粒易分离，大小均匀（图 11.2-A）。反之，若腹部过度膨大，且无弹性，用吸管吸出的卵粒扁塌或在水中有油粒渗出，说明卵粒已过熟，这种亲鱼就不能用作催产。

③ 性腺发育成熟的大黄鱼雄鱼，轻压腹部有乳白色浓稠的精液流出，在水中呈线状，并能很快散开。成熟的雌性亲鱼的腹部一般比成熟雄性亲鱼膨大得多（图 11.2-B）。但也有少数成熟雄性亲鱼的腹部也很膨大，常被误认为是雌性亲鱼，在催产操作时要逐尾鉴别雌雄。

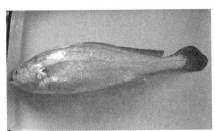

A. 雌鱼　　　　　　　　　　　B. 雄鱼

图 11.2　大黄鱼雌雄亲鱼鉴别

第五节　亲鱼人工催产

一、学习目的

◆ 掌握亲鱼麻醉溶液的配制方法。

◆ 掌握催产剂溶液的配制方法。

◆ 熟练亲鱼的打捞和麻醉操作。

二、技能与操作

1. 配制亲鱼麻醉溶液和催产剂溶液

① 选择 200 升左右的台湾桶作为容器配制麻醉溶液。

② 台湾桶装入亲鱼培育池海水 100~150 升。

③ 按 40~60 毫升/米³ 的浓度配制丁香酚亲鱼麻醉溶液，即装载 100 升海水的台湾桶需 4~6 毫升丁香酚原液。

2. 催产剂的选择与配制

① 大黄鱼亲鱼催产剂可用 LRH-A$_2$、LRH-A$_3$ 等激素，其剂量视水温高低及亲鱼的性腺发育情况而定，一般雌鱼的单位剂量范围为 1.0~3.0 微克/千克鱼体。

② 选择 500~1 000 毫升的烧杯，用生理盐水清洗干净。

③ 根据单位注射剂量、亲鱼的平均重量、平均每尾 1 毫升注射量，计算每毫升催产剂溶液所需的催产剂量。

④ 按每尾 1 毫升（其中雄鱼为 0.5 毫升）和预催产的亲鱼数量，计算所

需配制的催产剂溶液容量。

⑤ 根据所需配制的催产剂溶液容量和步骤③所计算的每毫升催产剂溶液所需的催产剂量，计算催产剂总剂量。

⑥ 在烧杯中加入催产剂总剂量，加入生理盐水至配制所需的刻度。

3. 亲鱼的打捞和麻醉

① 催产开始时，由 1~2 人不断地用柔软的手抄网从排水端的池中逐尾地捞取亲鱼，放入水箱中进行麻醉。

② 待亲鱼麻醉侧卧箱底后，将其捞至注射台上，轻摸腹部，鉴定雌雄性别及其是否适度成熟。

③ 随着池中亲鱼数量的减少，逐渐地把拦鱼网框、水箱及其注射台向池的排水口端移动，以便于捞鱼与注射操作。

第六节　亲鱼自然产卵与受精卵的收集

一、学习目的

◆ 掌握受精卵的计数方法。

二、技能与操作

受精卵的计数方法：

① 一般用简便的称重法计数。取少量的受精卵吸干水后，用电子天平称重后，并计算其数量，从而计算出单位体重受精卵的粒数，一般单位为粒/克。

② 对需计数的受精卵沥干水后进行称重，一般单位为千克。

③ 将受精卵的重量乘以单位体重受精卵的粒数，以及计算单位换算后，即得受精卵的数量。具体可参照以下公式进行计算：

卵的数量（粒）＝卵的重量（千克）×单位体重的卵数（粒／克）×1 000

第七节　受精卵的人工孵化

一、学习目的

◆ 熟悉受精卵孵化理化条件。
◆ 熟悉受精卵孵化的布卵密度等参数。
◆ 掌握孵化期间的管理操作。

二、技能与操作

1. 受精卵孵化理化条件

① 适宜水温在 18～25℃，盐度在 23～30，酸碱度 8.0～8.6，氨氮 0.1 毫克/升以下。

② 室内光照度调控在 500 勒克斯左右。

2. 孵化布卵密度

① 根据采用不同的孵化方法科学确定孵化布卵密度。

② 网箱微流水孵化法，受精卵孵化密度大约 50 万粒/米^3。

③ 水泥池静水孵化法，受精卵孵化密度 2 万～8 万粒/米^3。

④ 水泥池微流水孵化法，受精卵孵化密度 10 万～30 万粒/米^3。

3. 受精卵孵化期间的管理操作

① 控制适宜理化指标，水温为 18~25℃，盐度为 23~30。

② 孵化中要避免环境突变与阳光直接照射。

③ 待受精卵发育进入心跳期仔鱼将孵出时，停气 5~10 分钟，吸去沉底的死卵与污物，并适量补充新鲜海水。

④ 孵化过程要经常检查受精卵的孵化情况，观察胚胎发育状况，发现问题及时处理，并做好记录。

第十二章　大黄鱼仔稚鱼室内培育

第一节　环境条件要求

一、学习目的

◆ 掌握大黄鱼仔稚鱼室内培育的理化条件要求。

二、技能与操作

仔稚鱼室内培育的理化条件要求：

① 育苗的适宜水温在 20~28℃，盐度在 23~28，酸碱度 8.0~8.6，氨氮 0.1 毫克/升以下。

② 室内光照度调控在 1 000 勒克斯左右。

第二节　育苗操作与管理

一、学习目的

◆ 掌握大黄鱼仔稚鱼培育的环境条件控制措施。

◆ 掌握饵料系列组成与及其投喂技术。

二、技能与操作

1. 大黄鱼仔稚鱼培育的环境条件控制措施

① 培育过程要连续充气，充气的气泡要均细，并尽量使池内无死角区。其适宜的充气量：10 日龄前为 0.1~0.5 升/分钟，之后为 2~10 升/分钟，使池水溶氧量保持在 5 毫克/升以上。

② 培育期间，避免温度、盐度和光照度的骤变，并避免阳光直射产生鱼苗集群应激反应。

③ 换水 10 日龄前，一般每天换水 1 次，每次换水量为 30%~50%；10 日龄后，一般每天换水 1~2 次；稚鱼前期的换水率为 50%~80%；稚鱼后期为 100%以上。若仔稚鱼密度大、水质不好，可考虑间断性流水培育。在鱼苗的不同阶段，用相应的筛绢网目制作的换水网箱换水。

④ 每天用吸污器吸去池底的残饵、死苗、粪渣及其他杂物；每隔 3~5 天，刮除池壁上的黏液与附着物。每次吸污时，可在吸污器的排污管末端套接过滤网袋，收集排出的仔稚鱼活体、尸体等，检查仔稚鱼生长、存活与残饵情况。育苗密度较高时，为防止缺氧，要分区轮流停气或不停气吸污；育苗密度低时，仔鱼开口投饵的 3 天内可不吸污。吸污操作一般在换水前。

⑤ 在仔鱼与早期稚鱼培育期，每天定时添加海水单细胞藻液，使池水保持 5 万~10 万个/毫升的浓度，呈微绿色。刚施过肥的藻液不宜添加，最好是添加已施肥多日，且颜色刚转为浓绿色的藻液。添加藻液不仅可吸收池水中的氨氮等有害物质、增加水体溶氧量，还可调节水体透明度，为仔稚鱼提供一个"安全"的水环境；同时，也可为培育池中轮虫、卤虫无节幼体、桡足类等育苗活体饵料提供饵料，起到营养强化和延长池中饵料生物存活时间的作用。

2. 仔稚鱼培育饵料系列组成与及其投喂技术

① 大黄鱼人工育苗的饵料系列是指根据仔稚鱼不同发育阶段对营养与饵料适口性的不同要求而选择不同饵料种类所组成的系列，其饵料种类依次为轮虫、卤虫无节幼体、桡足类、微颗粒人工配合饲料等（图12.1和图12.2）。

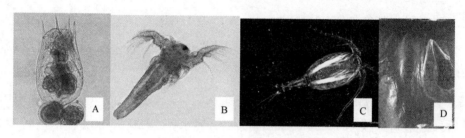

图 12.1　大黄鱼育苗饵料种类

A. 褶皱臂尾轮虫；B. 卤虫无节幼体；C. 桡足类及幼体；D. 微颗粒饲料

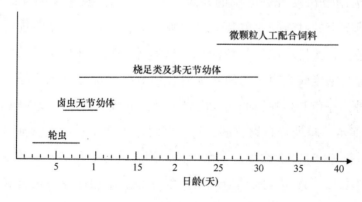

图 12.2　大黄鱼育苗饵料系列

② 褶皱臂尾轮虫作为大黄鱼仔鱼的开口饵料，可用作15日龄之前仔稚鱼的投喂饵料，一般在8日龄之前投喂，投喂密度在2~5日龄时为5~10个/

毫升，5~8日龄时为10~15个/毫升。轮虫在投喂前，需经6小时以上2 000万个/毫升浓度微绿球藻液的二次强化培养。

③ 卤虫无节幼体，个体大小在300~400微米，是大黄鱼仔鱼继轮虫之后与桡足类之前的适口活饵料。卤虫无节幼体一般在6~10日龄时投喂，投喂密度为0.5~1.0个/毫升。卤虫无节幼体在投喂前要经乳化鱼油的营养强化。大黄鱼仔稚鱼若多日饱食未经营养强化的卤虫无节幼体，将会发生营养缺乏症"异常胀鳔症"而引起批量死亡。

④ 桡足类及其无节幼体，投喂时间一般为8~30日龄，育苗水体中的密度保持在0.2~1个/毫升。不同来源的桡足类经去除杂质后，按仔稚鱼的口径大小用20~60目的筛网筛选出适口个体进行投喂。在投喂过程中，要坚持少量、多次和均匀泼洒的原则。

⑤ 微颗粒人工配合饲料，一般在25日龄之后投喂，也可在桡足类来源不便或因天气原因而供应不足时，解决鱼苗培育的"缺炊断粮"问题；亦为鱼苗下一步移到海区网箱中间培育投喂配合饲料食性转化打下基础。投喂方法是少量、多次、慢投，要投喂在鱼苗密集的静水区，让其在水面上漂浮片刻后陆续缓慢下沉，以被鱼苗适时摄食。

⑥ 育苗饵料投喂注意事项：

a. 早期仔鱼多为被动随机摄食，口径也较小，投喂的轮虫密度应比常规投喂的密度偏大些，最好投喂处于繁殖高峰期前后的轮虫。这时轮虫幼体多，个体小，对早期仔鱼更加适口。

b. 对于轮虫、卤虫无节幼体和桡足类及其无节幼体等活体饵料，每次投饵前需对培育池中这些的饵料残留量进行取样计数，再计算不足部分予以补充投喂。

c. 前后两种饵料不能在1天内快速更替，即在更替另外一种饵料时，前一种饵料还要继续交替过渡投喂数日，这样可以让所有的仔稚鱼逐步适应新的饵料，特别是对一些幼小的仔稚鱼。

d. 当轮虫、卤虫无节幼体和桡足类及其无节幼体等活体饵料在交替过程中需要同时投喂时，应注意投喂顺序，首先投喂桡足类及其无节幼体，先让大个体的稚鱼去抢食；然后再投喂轮虫，以保证幼小的仔稚鱼的摄食；最后才能投喂所有的仔稚鱼都喜欢摄食的卤虫无节幼体。

e. 在交替投喂中最后投喂的卤虫无节幼体以 2 小时内消耗光为准，否则易引起仔稚鱼饱食营养不好的卤虫无节幼体，造成营养缺乏症而引起批量死亡。

f. 桡足类等天然活体饵料由于供饵时间的不确定性，时常晚上时间运输至育苗场，为避免暂养至次日影响其成活率和质量，可采取晚上开灯投喂，此法也可用于加快鱼苗的生长，便于赶上海区小潮水出苗。

第三节　苗种质量与出池

一、学习目的

◆ 熟悉出苗前的准备。
◆ 掌握出池鱼苗的运输及管理。

二、技能与操作

1. 出苗前的准备

① 在出池前，一般培育水温均比海区高较多，需提前逐步降至与培育海区水温接近，根据全长 25 毫米规格的鱼苗对水温变化的适应性，按每天 2℃的降幅进行调温较为适宜。

② 若室内盐度与海区盐度大于 5，也需经适当的过渡，以保证鱼苗下海能较好地适应海区环境。

③ 从室内育苗池到海区中间培育网箱海区，为保证运输的水质和运输成活率，在出池运输前应停饵 12 小时以上。

④ 培育池进行较为彻底的吸污与换水。

2. **出池鱼苗的运输及管理**

① 根据运输鱼苗的批量和运输距离、时间选择科学的运输工具。目前主要运输工具有活水船、车辆、塑料薄膜袋等。

② 活水船是运输鱼苗的首选运输工具，其对长短途的鱼苗运输均较适用。运输时，在活水船舱内设置网箱装载鱼苗，通过配备充气装备增氧和使用水泵保持舱内运输海水与舱外自然海水的自由交换，保持水中溶氧充足。运输密度与运输时间长短有关，一般 2~3 小时运程内的鱼苗运载密度约 25 万尾/米³；10 小时以上运程的运载密度约 10 万尾/米³。24 小时以上长途运输，为防止鱼苗自相残食及影响其活力，中途可少量投喂饵料。

③ 车辆运输鱼苗短途可用开放式容器充气运输，为保证运输成活率，运输水温宜控制在 20℃ 以下，运载密度宜控制在 10 万尾/米³ 以内。

④ 少量鱼苗也可使用塑料薄膜袋充氧运输，由于水体较小，水质变化大、稳定性差，运输时水温宜控制在 14~15℃，每个 40 厘米×70 厘米塑料薄膜袋（装海水 10 升），10 小时以上运程的每袋装苗 200~300 尾，短途的装苗量可酌量增加。

第十三章 育苗生物饵料的规模化培养与开发

第一节 单细胞海水藻类的培养

一、学习目的

◆ 掌握海水鱼类人工育苗常用的单细胞藻类培养营养要求。

◆ 熟悉掌握单胞藻类的营养盐的配制方法。

◆ 熟悉单胞藻类规模化培养的基本管理。

二、技能与操作

1. 人工育苗常用的单细胞藻类培养营养要求

① 单细胞藻类培养所需的营养元素主要包括氮、磷、硅、铁，还有一些维生素、矿物质、微量元素、酶类等。

② 不同单细胞藻类对营养盐的需求不同，而且它们对各种营养盐的用量均有一定范围，应根据需要选择配方，并作适当调整。

③ 硅藻、金藻和绿藻常见配方，见附录2。

2. 单胞藻类的营养盐的配制方法

① 根据单胞藻培养液配方，将各种营养盐分别配成营养盐母液，以每升水加 1 毫升营养盐母液进行配制。

② 营养盐溶液采用煮沸或高压灭菌，维生素类营养盐在消毒后的水中加入。营养盐母液最好每天经一次高压灭菌，最长使用时间不超过 3 天，特别在高温季节。

③ 然后按 1 升海水添加 1 毫升营养盐母液配制藻种培养液。

④ 生产上大规模培养时，根据培养水体和单胞藻培养液配方分别称取各种营养盐的重量，分别溶解后进行全池泼洒。对于难溶解的营养盐，如柠檬酸铁则需加热溶解后使用。

3. 单胞藻类规模化培养基本管理

① 根据培养单胞藻的生态习性，调节培养光照度、温度、酸碱度等理化条件。

② 当单胞藻培养达到较高浓度时，适时进行扩大培养，根据藻溶液的浓度和培养条件选择适宜的接种比例。生产上一般接种比例为 1∶1 或 1∶2。

③ 能够观察和检查培养藻类的生长情况，科学确定追肥时间、追肥量。

第二节　褶皱臂尾轮虫的规模化培养

一、学习目的

◆ 熟悉室内水泥池规模化轮虫培养的饵料投喂与管理。

◆ 掌握室内水泥池培养轮虫的收集方法。

二、技能与操作

1. 室内水泥池规模化轮虫培养的饵料投喂与管理

① 轮虫饵料以面包酵母、微绿球藻等结合投喂，以面包酵母为主。轮虫接种入池时以微绿球藻等单胞藻作为基础饵料，当其密度明显降低、水色变浅时，开始投喂面包酵母。

② 投喂前应用吸管检测轮虫的密度，并用显微镜检查轮虫的状态、活力，以及抱卵与胃肠的饱满情况。S 型轮虫日投喂量按每 100 万个轮虫/0.8 克面包酵母，L 型轮虫投喂量按每 100 万个轮虫/1.0 克面包酵母，分 7~8 次投喂。如果搭配投喂微绿球藻，面包酵母的用量便相应减少。

③ 每次投喂时，按轮虫数量称好面包酵母重量，用 300 目筛绢过滤网袋洗出悬浊液，并按 300~400 微克/千克酵母的比例添加维生素 B_{12}，稀释后在培养池中均匀泼洒。面包酵母悬浊液应坚持随配随投、少量多次泼洒，其目的是保证酵母的活性，避免下沉池底而造成浪费与水质恶化。

④ 根据轮虫嗜食有机质的特性，每天或隔天在培养水体中泼洒 1 克/米³ 浓度、经充分发酵的小杂鱼虾浓缩液（俗称"鱼露"），能有效促进轮虫的生长、增殖。

2. 室内水泥池培养轮虫的收集方法

① 当轮虫培养密度达到 300~400 个/毫克时，就要考虑采收和接种扩池培养。

② 轮虫的采收可采用虹吸法收集，用 250~300 目筛绢网制作的收集网，放置于收集网框架和塑料桶上，用塑料管将培育池的轮虫虹吸收集网（图 13.1）。收集过程中，要不断地用清水冲洗收集网与轮虫，去除细小的原生动

物等，避免收集网的网目堵塞，当收集网中的轮虫数量达到一定数量要及时更换收集网。

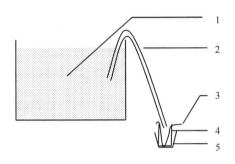

图 13.1　轮虫虹吸法收集示意图

1. 轮虫培育池；2. 塑料虹吸管（直径为 5 厘米）；3. 收集网（直径 30 厘米×深度 50 厘米）；4. 收集网铁质框架（直径 30 厘米×高 50 厘米）；5. 塑料桶（直径 40 厘米×高 40 厘米）

③ 轮虫的采收也可采用直接排水收集法，将 300 目筛绢网制作成 11 厘米×200 厘米轮虫收集袋，将其绑定在轮虫培育池排水口上，直接放水进行收集（图 13.2）。该采收方法简单，适用规模化采收。采收前要打开培养池的排水口 2~3 秒的时间，排出池底管口及其周边污物后，再用收集袋套在排水管上收集。待轮虫达到一定数量后，可暂时关闭排水口，换上新的收集袋，再打开排水口继续采收。

④ 采收来的轮虫，按计划用于投喂鱼苗或重新接种扩繁。用于投喂鱼苗的轮虫，要用细胞 2 000 万个/毫升浓度的微绿球藻液进行 6 小时以上的二次营养强化，以增加轮虫的高度不饱和脂肪酸含量。

⑤ 根据大黄鱼育苗池投喂计划、轮虫培养池中轮虫的状态、达到的密度和水质状况，对轮虫采收采取"一次性采收"和"间收"两种方式。"一次采收"即轮虫培养密度达到 300~400 个/毫升时，一次性全部采收。"间收

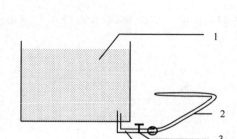

图 13.2　轮虫排水法收集示意图

1. 轮虫培育池；2. 收集袋（直径 11 厘米×深度 200 厘米）；3. 排水阀门；

4. 培育池排水管（直径为 11 厘米）

法"即轮虫达到 300~400 个/毫升的密度时，每隔 1~3 天，带水采收其中的
15%~30%的轮虫，然后继续加水培养。

第三节　卤虫无节幼体的孵化与营养强化

一、学习目的

◆ 熟悉卤虫卵孵化管理操作。

◆ 掌握卤虫无节幼体的去壳分离操作。

二、技能与操作

1. 卤虫卵孵化管理操作

① 以底部呈漏斗形的圆桶为佳。该种结构从底部中央连续充气，可使卤
虫卵上下翻滚，保持悬浮状态而不致堆积，从而提高卤虫休眠卵的孵化率。

② 海水经沉淀、砂滤后使用，最好在使用前经过紫外线消毒，可有效地减少细菌群数，预防细菌感染。

③ 控制适宜的理化环境。水温 25~30℃；盐度 30~70；充气，溶解氧 5 毫克/升以上；光照 1 000 勒克斯；pH 值 7.5~8.5。

④ 孵化密度以 2~5 克/米³ 为宜。

2. 卤虫无节幼体的去壳分离操作

一般使用光诱和重力原理制成的分离器进行分离（图 13.3），分离器由 3 个小水槽组成；中间水槽不透光，两侧壁中下部有 2~3 条 1~2 厘米宽、与两侧水槽相通的横裂口。裂口处设有隔板，两侧水槽上安装有卤虫无节幼体诱集光源。其分离操作为：

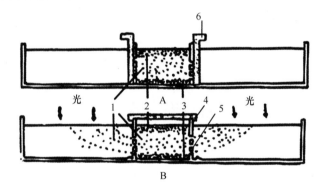

图 13.3　卤虫无节幼体的分离

A. 裂口隔板关闭，中间水槽放入待分离的卤虫无节幼体混杂物；

B. 中间水槽加盖遮黑，拔去裂口隔板，打开光源，开始分离

1. 无节幼体；2. 卵壳；3. 不孵化的坏卵；4. 盖板；5. 横裂口；6. 裂口隔板

① 在相通的 3 个水槽中注入海水，关闭裂口隔板。

② 把待分离的卤虫无节幼体混杂物放入中间水槽，并用盖板遮盖住中间

水槽使其成暗黑状态。

③ 然后打开两侧水槽处的光源，把中间水槽两侧的隔板打开，无节幼体因趋光而通过裂口集中到两侧水槽，而坏卵和卵壳则留在中间水槽中，达到分离目的。一般每次分离 10～20 分钟，分离效果可达 90% 以上。

第四节　桡足类的规模化开发

一、学习目的

◆ 了解海上桡足类的批量捕捞方法。

◆ 掌握池塘规模化培养桡足类的方法。

◆ 掌握池塘桡足类的采收操作。

二、技能与操作

1. 海上桡足类的批量捕捞方法

（1）捕捞网具的制作

捕捞海区天然桡足类的网具为无翼张网，由各种不同网目的筛绢网缝制而成，其结构示意图见图 13.4。

① 张网的规格：兼顾捕捞效率、潮流对张网的冲力，以及桡足类保活质量的需要，张网规格以网口大小 5～8 平方米、网身长 15～25 米，网囊长 1.5～2.0 米为宜。

② 网衣网目的大小：兼顾水流的通透性、捕捞个体的饵料适口性，张网的网衣网目从前往后分别以 60 目、80 目，网囊 120 目为宜。

③ 拦除杂物设置：为拦除海上杂物对捕捞桡足类的纯度、成活率等影

响，在张网网囊前设置网目长约 3 毫米的垃圾滤网。

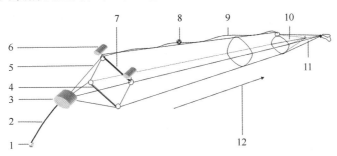

图 13.4　海上天然桡足类捕捞网具结构与布设示意图

1. 桩（锚）；2. 桁绳；3. 浮筒直径（直径 500 毫米×深度 900 毫米）；4. 下纲与镀锌管
直径（50 毫米）；5. 网绳；6. 浮筒（直径 200 毫米×深度 400 毫米）；7. 上纲与毛竹直
径（75 毫米）；8. 小浮标（80 毫米×100 毫米）；9. 引绳（30 丝）；10. 内套垃圾滤网；
11. 桡足类收集囊网；12. 水流方向

（2）张网设置海区的选择

捕捞天然桡足类的张网桁位应选择海淡水交混、海水盐度较低、水质肥
沃、有桡足类分布的河口海域；海域潮流应为流向平直的往复流，漩涡流的
海域不宜设置张网。设置张网海区的潮流流速过大，不但易使张网网衣被胀
而破损，而且易造成挤压网囊中的桡足类个体，造成其死亡。流速太小了，
不易使张网的网口张开而影响正常作业。张网宜选择在潮流流速 0.2～2.0
米/秒的海区进行设置。

（3）张网的安装与作业

网口上边用毛竹或浮木横杆进行固定，并于横杆两端各系一个塑料浮筒
支撑整个张网上浮于水面；网口下边用镀锌管的横杆进行固定，使网口张开
呈长方形状。在张网网口 4 角绳耳处，用网绳汇接到桩、锚引出的桁绳上，
或直接挂在已固定的网箱鱼排上，在海区潮流的作用下使张网充分张开。在
一个海区可同时挂多张、甚至上百张网。

（4）日常管理

① 网口面积的调整：根据潮流湍急程度调整网口上下横杆之间的距离、改变网口大小，以适应潮流对张网的冲力。如遇到潮流突然变大时，可用绳子收紧上下横杆间的距离以缩小网口面积，减少潮流对张网的冲力；相反，当潮流太小、网口无法打开时，网口应及时调大。

② 张网的清洗：每次收网收获桡足类后，均要认真清洗张网上附着的淤泥、污物，保持网具良好的滤水和捕捞桡足类功能，避免流急时胀破张网。

③ 安全检查：发现张网破损的要随手收网缝补。

（5）桡足类的采收

在半日潮的浙、闽、粤沿海每个昼夜计有 4 次涨、退潮时可捕捞桡足类，可在每次退潮和涨潮流速下降到约 0.2 米/秒时，拉网采收桡足类；为提高桡足类的成活率或鲜度，可在退潮或涨潮的中间分别增加一次采收。

2. 池塘规模化培养桡足类的方法

（1）池塘的选择

选择作为培养桡足类的池塘应位于有淡水注入的河口地带，或有淡水水源的地方；保水性好，池堤平整，无洞穴、无渗漏；池深 1～2 米。池水盐度在 7.3～20.3（在 20℃时其比重为 1.005～1.015）。

（2）清池

排干池水，太阳暴晒 10～15 天后，进水 5～10 厘米，用 150～200 千克/亩的生石灰化水全池泼洒，彻底杀灭池中鱼虾蟹等敌害生物，并翻耕底泥，促进池底的鱼虾残饵与粪便等有机质充分氧化、析出肥分。

（3）进水、施肥

生石灰消毒 5～7 天，毒性降解后，用 60 目筛绢滤网进水 1 米；若池塘可蓄水 1.5 米以上，应先让池水暴晒数日后再继续加高水位。根据池塘底质的肥瘦情况，分别施用 5~25 千克/亩浓度的碳酸氢铵与过磷酸钙，或施用 1~5 千克/亩浓度的复合肥。培养过程中，如发现水色变淡、透明度增大时，要及时进行追肥。施肥后，晴好天气约 7 天，阴天约 10 天，水色从淡褐色变成茶褐色、透明度约从 1 米降到 0.2 米，又再次变为淡褐色、透明度升至 40 厘米时，即可采捕桡足类。

3. 池塘桡足类的采收操作

可使用灯光诱集、人工捞取，或用机动小艇带动拖网采收等，但工序均很繁琐、需多人操作、费工费力，收获成本较高；或可采取开闸放水、在闸门口张网捞取，但此法会造成池塘里可用于扩繁的小个体桡足类、肥水和基础饵料的流失，既浪费资源，又不利于连续培养与采捕。一般情况下，池塘桡足类以水车式增氧机张网法进行采收，即利用开动池塘中增氧机产生水流来张挂张网进行收集（图 13.5）。该法具有操作简便、采收成本较低、可连续培养等优点，其主要技术要点有：

（1）制作网具

使用无翼张网。网口规格 3 米×0.6 米；网身长 8 米，网目 80 目；网囊长 4 米，网目 150 目；网身与网囊交接处设 70 厘米长、网目 40 目的垃圾滤网。整个网口用直径为 3 厘米的 PVC 管制成的 3 米×0.6 米方框捆绑固定形状。

（2）安装增氧机

在池塘的中央附近安装一台 1.5 千瓦的水车式增氧机。

（3）布设网具

在增氧机开动后产生水流的方向上约 4 米处垂直打两根桩，两桩之间的距离 3 米；把张网网口方框窄边捆捆在两根桩上，使张网网口露出土池水面约 10 厘米。

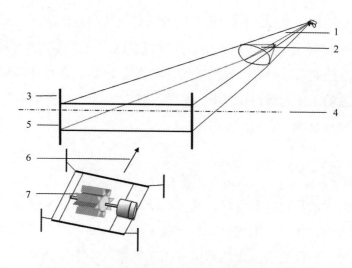

图 13.5　水车式增氧机张网法采收池塘桡足类示意图

1. 桡足类收集囊网；2. 内套垃圾滤网；3. 固定桩；4. 池塘水面；

5. 塑料管方框（管直径为 3 毫米）；6. 水流方向；7. 水车式增氧机

（4）采捕作业

开动增氧机形成水流，即可进行张捕。一般 10~30 亩的池塘，每施肥一次可连续采捕 10~15 天，每天开机 2~4 小时，可采捕活体桡足类湿重 8~15 千克；近百亩及其以上的大型池塘，只要适量采捕，保持一定的扩繁群体，可每天采捕。

第十四章 大黄鱼网箱养殖

第一节 网箱养殖海域选择、制作与设置

一、学习目的

◆ 了解网箱框架制作与固定。

◆ 了解网箱网衣的制作与固定。

二、技能与操作

1. 网箱框架制作与固定

① 网箱框架由多条厚 10~15 厘米、宽 20~40 厘米、长 10 米以上的硬质木板，垂直交叉相叠并用螺栓固定而形成的横竖排列的多个框位。

② 在木板下采用直径 50~60 厘米的圆形或边长 80~100 厘米的方形塑料泡沫浮子作为其主要支撑力，以保证框架有足够的承载重量、漂浮于水面。

③ 兼顾牢固性、管理方便性，目前网箱框架单个网箱框位的规格一般为边长 3~5 米（多为 4 米）的正方形，网箱框架总面积和框位的多少依据海区的水流、风浪、水深条件和养殖生产投入总体情况而定，一般在 2 000 平方米左右。

④ 根据网箱框架规模与设置海区潮流大小，两端各以 3~5 条 5 000~10 000 丝粗的聚氯乙烯胶丝缆绳，沿潮流方向把渔排两端用桩、锚或重石坨将网箱框架固定在网箱区的海底；在垂直于潮流方向的两侧，视其长短的程度，在海底用 2~4 根缆绳固定，以保持渔排与潮流的方向平行。固定用的缆绳长度约为水深的 3~4 倍。这种网箱框架结构的优点是便于人员走动、观察、饲养管理与网箱操作；缺点是抗风浪能力较差。

2. 网箱网衣的制作与固定

（1）网箱网衣制作与规格

由于大黄鱼具有鳞片易脱落的特性，其养殖网箱的网衣一般以质地柔软的聚氯乙烯胶丝或纤维尼龙线编织的结节网片缝制；同时为减少刮伤大黄鱼鱼体几率，其网衣的网眼比其他同规格养殖鱼所用网箱网眼稍偏小。为保持网衣的形状，避免网衣受力不均而破损，网衣的各面交接处及网口均缝制纲线。网衣规格包括网衣大小、网眼大小和网线的粗细，要根据养殖大黄鱼的规格大小而定。大黄鱼养殖使用的网箱网衣大小可取其占用网箱框架的数量来命名，如占用 2 个网箱框位则俗称 2 通框，网衣深度 4~10 米。目前生产以网衣深度 4~6 米的 2~9 通框（网箱面积 32~144 平方米，水体 100~900 立方米）的网箱进行养殖为主，也有部分大规格的网箱网衣，其深度达 6~10 米，面积大小达 12~24 通框。一般鱼种培育阶段使用小规格小网眼的网箱，成鱼养殖阶段使用大规格大网眼的网箱。一般成鱼规格越大，网衣规格较大对其生长较为有利，但同时也会带来管理的不便且安全系数降低，通常会增加双层网衣防护以降低网衣破损带来的风险。

（2）网箱网衣固定

将网衣上口四角固定在网箱框架上，网衣上口四边根据其长度，一般按间隔 2 米的距离将其固定在网箱框架上；网衣下口四角的固定在目前生产最常用的是用砂袋或卵石袋作沉子，将其系于网衣下口四角，并从沉子上引出垂绳系在框架的木头上，拉紧的垂绳等于网箱深度。视网箱养殖区潮流大小，可使用 20~50 千克的不同重量的沉子进行网衣固定；通常在多通框的大规格网箱网衣固定中，应在中间的每框位置上另外增加相应沉子，以保持网箱网衣在水流状态下的形状。

第二节　网箱培育大黄鱼鱼种

一、学习目的

◆ 掌握鱼苗的选择与放养条件。

◆ 熟悉苗种的计数方法。

◆ 熟练掌握网箱换洗。

◆ 掌握鱼种培育的日常管理。

二、技能与操作

1. 鱼苗选择与放养条件

① 根据网箱区的不同条件投放不同规格的鱼苗。潮流湍急的网箱区，宜购买 50 毫米以上规格较大的鱼苗；若箱内流速较缓，离育苗室较近且交通方便的，可购买刚出池的全长 25~30 毫米小规格鱼苗，以降低购苗成本。

② 为增强鱼苗对运输、操作与潮流的适应能力，室内刚出苗的全长 25~30 毫米的鱼苗，需经海上网箱中间培育成 50 毫米以上的大规格鱼苗。该过程又称大黄鱼鱼苗的"中间培育"或"标粗"。

③ 放养鱼苗要尽量选择在小潮汛期间及当天的平潮流缓时段。低温季节

宜选择在晴好天气且无风的午后；高温季节宜选择天气阴凉的早晨与傍晚进行。

④ 网箱的鱼苗放养密度同水温高低与鱼苗大小规格密切相关。在水温15℃情况下，一般全长30毫米左右的鱼苗放养密度1 500~2 000尾/米^3；全长50毫米左右的苗种放养密度1 000~1 500尾/米^3。水温大于25℃，放养密度需降低20%~30%。同一口网箱放养的鱼苗规格力求整齐，以免互相残食。为了防止病原体的带入，利用装桶提苗的间隙，在提桶内以消毒剂的淡水溶液进行消毒。

2. 放养鱼苗的计数

采取随机抽样法计数，主要参考步骤如下：

① 将鱼苗均匀放入数个容器（一般采取容量5~10升脸盆）。

② 根据容器的数量，随机抽取其中1~2个容器进行计数。如果容器鱼苗数量较多，可做二级随机抽样计数。

③ 根据抽样计数以及抽样的分级倍数，计算鱼苗总数量。

3. 网箱的换洗

① 一般情况下，3毫米网目的网箱换洗时间间隔为8~15天，5毫米网目网箱为15~30天，10毫米网目网箱为30~50天。

② 高温季节，网箱网眼易堵塞，可视情况适时换洗。

③ 在苗种活力不好或饱食后、箱内潮流湍急等情况下，均不宜换箱操作。

4. 鱼种培育的日常管理

① 要经常观察网箱在流急时倾斜情况，检查网箱绳子有无拉断，沉子有

无移位。

② 若无特殊原因，发现苗种没有上浮集群摄食，又听不到叫声，应考虑网箱是否破损、逃鱼或发病，并及时采取措施。

③ 及时捞除网箱内外的垃圾等漂浮物。

④ 每天定时观测水温、比重、透明度与水流，观察苗种的集群、摄食、病害与死亡情况，并做好记录。

第三节　大黄鱼网箱养成与管理

一、学习目的

◆ 熟悉鱼种放养季节。

◆ 掌握鱼种的选择与操作要求。

◆ 熟悉饲料投喂技术。

◆ 掌握作为冰鲜鱼的商品鱼收获方法。

二、技能与操作

1. 大黄鱼鱼种放养季节

① 鱼种的放养季节要根据网箱养殖区海域的水温条件，一般在水温升至15℃以上就可以放养，在福建三都湾海域宜选择4月中旬至5月上旬，浙江中南部海域宜选择在5月中下旬。选择该季节进行放养，对大黄鱼鱼种的选别操作与运输操作较适宜，鱼种选别时不容易受伤，运输过程水温也较合适，能保证运输成活率。

② 放养季节要根据上一年生产情况和当年生产计划做适当调整，一般在

上一年商品鱼已收获，网箱框位空出，网箱重新收起、洗净、修补张挂完好后就可放养。

2. 鱼种的选择

① 放养的鱼种应选择体型匀称、体质健壮、体表鳞片完整、无病无伤、规格整齐的个体，尤其要认真检查是否携带病原体。搬运前若检测发现有"应激反应"症状，应强化培育、症状消除后才能运输投放。鱼种质量应符合规定（表14.1）。

② 宜选择上一年春季育出的经一年网箱培育的鱼种，其规格一般在 50~250 克/尾。

③ 根据生产计划选择适宜规格的鱼种。计划当年达到 400 克/尾以上商品规格的，放养的鱼种规格要在 100 克/尾以上。

表 14.1　鱼种质量标准

序号	项目	标准
1	规格	整齐、大小均匀
2	体表	鳞片完整、光滑有黏液
3	体色	鲜亮
4	活力	游动活泼，无应激反应
5	畸形率、伤残率与死亡率之和	≤2%
6	病害	传染性细菌病不得检出，刺激隐核虫、本尼登虫等寄生虫及病毒性病害均不得检出

3. 投喂技术

① 晚春初夏与秋季水温 20~25℃，是大黄鱼生长的较佳季节，一般每天

早上与傍晚各投喂 1 次；水温 10～15℃时每天 1 次，阴雨天气时，可隔天 1 次。遇大风天气或大潮时，每天投喂 1 次，甚至不投。

② 当天的投喂量主要根据前一天的摄食情况，以及当天的天气、水色、潮流变化，有无移箱操作等情况来决定。冰鲜饲料和配合饲料的日投饵率分别参考表 14.2 和表 14.3。

③ 在投喂前及投喂中，尽量避免人员来回走动而惊扰鱼体影响其摄食。

表 14.2　大黄鱼冰鲜饲料日投饵率参考（水温 22℃）

大黄鱼体重（克/尾）	日投饵率（占鱼体重%）
50～150	8～10
≥151	6～8

表 14.3　大黄鱼配合饲料日投饵率参考（水温 22℃）

项目	幼鱼配合饲料	中成鱼配合饲料
大黄鱼体重（克/尾）	50～150	≥151
日投饵率（占鱼体重%）	2～4	1.5～3

④ 在高温期（水温 29℃以上），应尽量选择合适的配合饲料进行投喂，少投或不投冰鲜饲料，并控制投喂量，不宜摄食太饱。

⑤ 选用养成阶段配合饲料时应选择蛋白质含量在 45%左右和知名品牌的饲料企业生产的牌子。

4. 作为冰鲜鱼的商品鱼收获方法

大黄鱼的冰鲜鱼运销是指收获的大黄鱼以碎冰作为主要的保鲜措施进行运输和销售的方式，其收获方法为：

① 为保持大黄鱼原有的金黄体色，收获时间一般选择在傍晚天黑至黎明前起捕。

② 收获前 1~2 天停止投喂，以便排出体内残饵与粪便，有利于保持运销鲜度。

③ 刚起捕的大黄鱼宜先置于冰水中浸泡片刻，再用碎冰进行保鲜运输。用冰水预先浸泡可快速降温，麻痹鱼体减少挣扎受伤，使鱼体分泌出更多的黄色素，鱼体体色更加金黄，同时可起到提高保鲜效果的作用。

第四节　大黄鱼养殖病害防治

一、学习目的

◆ 熟悉养殖水体药物配制和泼洒方法。

◆ 熟悉药饵制作的方法。

◆ 掌握鱼类的浮头与缺氧的判断方法和应对措施。

二、技能与操作

1. 养殖水体药物配制和泼洒方法

① 根据养殖面积、水深计算用药水体大小。

② 根据水体药物泼洒浓度和用药水体，计算药物用量。

③ 用容器将所需药物溶解后，均匀泼洒。

2. 药饵制作方法

① 要根据药物的剂型与饲料的不同种类进行科学配制药饵，并根据配制

药饵的浓度（饲料重或鱼体重）计算用药量。

② 脂溶性药物制剂，对于人工颗粒配合饲料，采用相当饲料重量的 5%～10% 的油（鱼油）与药物充分混合，然后将固形饲料加入其中混合，使油和药物的混合吸附在饲料的表面，阴干 20 分钟后投喂；对于粉状饲料和鱼糜，可以将准备好的药物直接混合在其中即可。

③ 水溶性药物制剂，对于人工颗粒配合饲料，可以直接将药物用水稀释后与其混合均匀即可。微颗粒饲料，应将药物稀释后，加入一定量的淀粉搅拌成糊状后，再与微颗粒饲料混合。对于粉状饲料，可以直接加入用稀释后的药液拌成糊状，再制成块状药饵投喂。在鱼糜中添加药物时，应采用黏附剂等措施，尽量防止药物散失。

④ 通常水产养殖动物体内的药物浓度与治疗效果呈正相关，为提高对水产养殖动物疾病的治疗效果，减少饲料比例，从而增加单位药饵药物浓度利于水产养殖动物对药物的吸收，一般是采用平常投喂量的 50% 左右为宜。在日投喂次数方面，因为投饵量较平时减少，以 1 次全天的饵料量，当天以不追加投喂饵料为好。

3. 大黄鱼缺氧浮头的防治

① 该病是由于水中溶解氧量低于大黄鱼的忍耐极限而发生的。在水流不畅、天气闷热或小潮期间，生物耗氧量高的情况下水中的溶解氧往往比较低，当溶解氧低于 4 毫克/升时就可能发生。

② 在水中溶解氧不足的情况下，大黄鱼大量上浮水面，头朝上，口露出水面张口吞气，这种现象也称浮头。这时如不及时进行急救，很快就会出现大批鱼窒息而死，这种现象也称泛池。见到上述症状即可确诊。

③ 在夏季高温期，养殖密度大，水流不畅的网箱密集区，小潮水期间、天气闷热等情况下，时有发生此病，应特别注意。

④ 大黄鱼缺氧浮头的防范，对养殖网箱，要做好网箱的科学布局，网箱的及时洗刷，保持水流畅通；对室内养殖培育池，要适量投喂，及时吸污，控制好放养密度。发现浮头时，采取人工增氧的办法进行补救，如及时用水泵抽水喷洒、用人力泼水或采用化学增氧的方法。

第三部分　高级工技能

第十五章　理化环境监测和
生物显微观察

第一节　理化环境监测

一、学习目的

◆ 掌握氨氮的监测方法。

◆ 掌握亚硝基氮的监测方法。

◆ 掌握硫化氢的监测方法。

二、技能与操作

1. 氨氮（NH_3-N）的监测

氨氮是指水中以游离氨（NH_3）和铵离子（NH_4^+）形式存在的氮，其浓度单位用"毫克/升"表示。实验室常用检测方法为次溴酸钠氧化法，在生产上常用的检测方法有便携氨氮测定仪（图 15.1）比色法和测试盒目测比色法。

图 15.1　氨氮测定仪

2. 亚硝基氮（NO_2^--N）的监测

亚硝基氮是氧气不足或温度偏低时，硝化不完全反应中间产物。其浓度单位用"毫克/升"表示。亚硝基氮在水中极不稳定，在微生物作用下，当氧气充足时可转化为硝酸盐，也可在缺氮时转为氨氮。

3. 硫化氢（H_2S）的监测

硫化氢是蛋白质自然分解过程的产物，在厌氧或缺氧条件下产生的，海洋中存在于海底，水中一般情况下无硫化氢。定性检测方法采用铅酸钠试纸定性法，定量检测方法采用对氨基二甲基苯胺比色法，其浓度单位用"毫克/升"表示。

以上 3 个参数在水产养殖生产中亦可使用多参数综合水质检测分析仪进行监测，具体操作方法可参照相应型号检测分析仪使用说明书。

第二节　生物显微观察

一、学习目的

◆ 掌握显微镜油镜的使用方法。

二、技能与操作

油镜的使用方法：

① 在使用油镜之前，必须先经低、高倍镜观察，然后将需进一步放大的部分移到视野的中心。

② 将集光器上升到最高位置，光圈开到最大。

③ 转动转换器，使高倍镜头离开通光孔，在需观察部位的玻片上滴加一滴香柏油，然后慢慢转动油镜，在转换油镜时，从侧面水平注视镜头与玻片的距离，使镜头浸入油中而又不以压破载玻片为宜。

④ 用左眼观察目镜，并慢慢转动细调节器至物像清晰为止。如果不出现物像或者目标不理想要重找，在加油区之外重找时应按：低倍→高倍→油镜程序。在加油区内重找应按先低倍后油镜的程序，不得经高倍镜，以免油沾污镜头。

⑤ 油镜使用完毕，先用擦镜纸蘸少许二甲苯将镜头上和标本上的香柏油擦去，然后再用干擦镜纸擦干净。

第十六章　大黄鱼人工繁殖

第一节　备用亲鱼选择

一、学习目的

◆ 了解挑选备用亲鱼的注意事项。

◆ 掌握雌雄配比及亲鱼数量要求。

二、技能与操作

1. 挑选备用亲鱼的注意事项

① 为避免挑选备用亲鱼时发生"应激反应"，一般在挑选前数日开始，在饲料中添加鱼用多种维生素进行营养强化培育。

② 在批量选择备用亲鱼时，可少量挑选进行观察，确无发生充血、发红等"应激反应"症状后，再继续批量挑选。若有"应激反应"症状，应立即停止挑选，并采取延长营养强化培育时间，直至没有"应激反应"症状后再行挑选，或另找其他养殖大黄鱼群体进行挑选。

③ 应了解备挑亲鱼的前期饲养情况，对于前期停喂不足的养殖鱼则不宜作为备选亲鱼，否则会影响后期亲鱼的性腺发育和卵的质量水平。

④ 要结合亲鱼体重和年龄进行综合判断，避免挑选达不到所在年龄所应达到的体重要求的生长慢的"老头鱼"。

2. 掌握雌雄配比及亲鱼数量要求

① 在室内水泥池自然产卵的大黄鱼亲鱼，雌雄比例为（2~1）：1，自然产卵与受精效果无明显差别，为降低生产成本，亲鱼雌雄比以 2：1 较为适宜，可考虑雌雄性腺成熟情况对雌雄比例作适当调整。

② 对于春季育苗亲鱼一般不会同时成熟，所需备用亲鱼的数量按生产100 万尾全长 30 毫米规格的鱼苗需 1 000 克左右雌鱼 30~40 尾的标准进行挑选，并按雌雄性比配合相应的雄鱼。

第二节　备用亲鱼运输

一、学习目的

◆ 掌握备用亲鱼运输的注意事项。

二、技能与操作

备用亲鱼运输的注意事项：

① 备用亲鱼在起运前要停止投喂，2~3 小时运程的要停喂 1~2 天，长途运输的要停喂 3~5 天。

② 有"应激反应"症状的大黄鱼不宜作为备用亲鱼，否则会影响其运输成活率，还可能影响之后的性腺发育；还可能由于运输操作过程的停食而引起性腺退化。

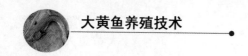

第三节　备用亲鱼室内强化培育

一、学习目的

◆ 熟练掌握室内亲鱼培育的理化生态调控措施。

◆ 掌握亲鱼培育管理注意事项。

二、技能与操作

1. 室内亲鱼培育的理化生态调控措施

（1）光线调控

培育池上可用遮阳布幕遮盖，光照度调节至 500 勒克斯左右。投喂时，可拉开部分遮阳布幕或开灯，使光照度调节到 1 000 勒克斯左右。

（2）水温调控

培育池水温控制在 20～25℃，兼顾到加温成本、水质控制以及"白点病"的易发程度，以 21～22℃较为适宜。

（3）生态与水质调控

池内按 1.5 只/米² 均匀布置气石连续充气，保证池水中溶解氧在 5 毫克/升以上。每天及时吸污，吸污时间一般安排在每次换水前及饵料投喂后。另一方面，根据培育水质状况，每天换水 1～2 次，使池水的氨氮控制在 0.1 毫克/升以下，并适当冲水刺激。

2. 亲鱼培育管理中的注意事项

① 大黄鱼具有胆小、易惊动、鳞片易脱落等特点，稍有响声或光照突

变，会引起狂游或乱闯，甚至碰撞池壁或跳出池外。为此，在饲养管理操作，尤其手持操作工具时，动作要缓慢；不宜在培育池附近高声喊叫或敲击器具。

② 培育期间尽量保持水环境稳定，为避免水温突变而引起亲鱼的不良反应，换入亲鱼培育池的新鲜海水应在另外的预热池中预热。

③ 应及时清除培育池中残饵与排泄物，避免导致氨氮值升高、水质恶化，而引发刺激隐核虫病与淀粉卵甲藻病等病害。

④ 亲鱼移入室内水泥池的第二天开始投饵诱食，不管亲鱼是否主动摄食都要投喂，但数量尽量少些，待亲鱼能主动摄食时再逐渐增加。

第四节　亲鱼人工催产

一、学习目的

◆ 掌握亲鱼人工催产注射方法。

二、技能与操作

1. 人工催产注射方法

① 麻醉后的亲鱼，经检查挑选适用于催产的个体，放置注射台（图 16.1）。

② 根据其体重和性腺成熟度注射相应剂量的催产剂溶液，当亲鱼发育良好时可适当减少注射剂量，相反，应增加注射剂量。注射部位一般为胸腔，即在胸鳍基部无鳞处，沿鱼体头背约45°的方向注射，注射针头深度0.5~1厘米（根据鱼体大小）。

③ 注射可采用1次注射或2次注射。使用2次注射法时，两次注射时间

相隔 12~16 小时，第 1 次注射剂量 20%~30%，第 2 次 70%~80%；雄鱼通常比雌鱼性腺先成熟且发育良好，单位体重注射剂量为雌鱼总注射量的一半，在雌鱼第 2 次注射时同时进行一次性注射（图 16.2）。

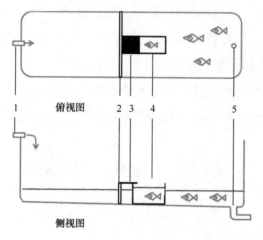

图 16.1　大黄鱼池内催产操作布局示意图

1. 进水口；2. 拦鱼网框；3. 注射台；4. 麻醉水箱；5. 排水口

图 16.2　大黄鱼人工催产

第五节　亲鱼自然产卵与受精卵的收集

一、学习目的

◆ 掌握受精卵的运输方法。

◆ 掌握受精卵的筛选方法。

二、技能与操作

1. 受精卵的运输

① 受精卵在 1~2 小时的路程内可直接用容器以 50 千克/米³ 的密度充气运输。

② 长途运输可用塑料袋装卵后，置于密封的泡沫塑料箱中运输；高温天气在塑料袋与装箱之间放置适量的冰块（图 16.3），降低运输温度。在运输水温保持 20℃情况下，规格 40 厘米×70 厘米的充氧塑料袋，运程在 6 小时以内每袋装受精卵 200~400 克，运程在 10 小时左右每袋装受精卵 100 克，运输成活率可达到 90%以上。若有条件，中途可充氧、换水，效果更好。

③ 运输装袋或装箱前，要先用清洁的砂滤海水把受精卵冲洗干净。

④ 运输过程中，受精卵胚胎发育会产生各种有害的代谢产物，特别是较高密度运输和较高水温条件下，易引起水质恶化、细菌繁殖和加快水中耗氧，造成受精卵因胚胎发育中途停止而死亡，可采取添加适量安全的抗菌素的措施，保障受精卵成活率与孵化率。

⑤ 目的地的育苗场要提前调好受精卵孵化池水体的盐度和温度，使其与运输条件基本一致，避免温盐突变对受精卵孵化的影响。

图 16.3　受精卵的塑料氧气袋运输

⑥ 受精卵运到目的地后，先把苗袋中的卵带水倒入漏斗状水槽，边充气，边逐步加入孵化池的新鲜海水进行过渡适应，按照筛选优质受精卵的方法重新对受精卵筛选分离一次，再放入孵化池中进行孵化。

2. 受精卵的筛选

① 从产卵池中或海上网箱中收集来的卵子，因混杂有一定量的死卵和其他杂质，需将受精卵分离出来再进行孵化，否则将影响受精卵的孵化率。根据比重约 1.020 海水条件下，受精卵浮于水面而未受精即死卵沉于水底这一特性，可将收集的大黄鱼卵置于盛有比重约 1.020 新鲜海水的水桶中，经离心（以手搅动使水体顺时针旋转）沉淀分离，然后以虹吸管小心地吸除桶底中央的沉卵与污物。

② 再把浮卵收集起来，用不同大小网眼的滤网滤去各种杂物，并经冲洗后，放入孵化池孵化。

③ 大批量筛选受精卵时可使用倒漏斗状、0.5~3 立方米的玻璃钢水槽，方法是把待分离的卵子收集在水槽的充气调温水中，然后停止充气静置 5~10 分钟（图 16.4-A），用 80 目的捞网捞取浮在水槽表面的受精卵（图 16.4-

B）。当上层受精卵基本被捞好后，再打开孵化桶底部的排水管，收集死卵并称重，从而计算坏卵比例和判断该批次亲鱼产卵的质量。

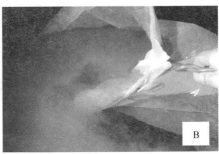

图 16.4　受精卵的筛选分离

A. 沉淀分离；B. 用捞网捞取上层受精卵

第六节　受精卵的人工孵化

一、学习目的

◆ 熟悉孵化期间的胚胎发育观察。

◆ 掌握受精卵孵化时间。

◆ 掌握初孵仔鱼的计数。

◆ 掌握受精卵孵化率的计算方法。

二、技能与操作

1. 孵化期间的胚胎发育观察

① 用吸管将受精卵置于凹载玻片上，用低倍镜进行胚胎发育观察。

② 根据受精卵的发育特征，判断胚胎发育所处的阶段。

③ 大黄鱼受精卵胚胎发育可分为卵裂期、囊胚期、原肠期、胚体形成期。卵裂期又可分为 1 细胞期、2 细胞期、4 细胞期、8 细胞期、16 细胞期、32 细胞期和多细胞期，囊胚期又可分为高囊胚期、低囊胚期，原肠期又可分为原肠早期、原肠中期、原肠晚期，胚体形成期又可分卵黄栓形成期、眼泡出现期、胚孔关闭期、晶体出现期、尾芽期、心跳期、肌肉效应期和孵出期（图 16.5）。

2. 受精卵孵化时间

① 大黄鱼的胚胎发育与水温的高低密切相关。在适温范围内，水温愈高，胚胎发育的速度愈快。

② 水温在 26℃以上或 15℃以下时，孵出的仔鱼畸形率较高。

③ 大黄鱼受精卵在不同温度下的孵化时间见表 16.1。

表 16.1　大黄鱼孵化与水温的关系

序号	孵化水温（℃）	孵化时间（小时）
1	18.0~21.2	42
2	20.6~22.6	32
3	23.2~23.4	26
4	26.7~27.9	18

3. 初孵仔鱼的计数

① 初孵仔鱼计数是科学确定布苗密度和计算受精卵孵化率的依据，也是育苗管理中确定饵料投喂量的重要参数。初孵仔鱼游动能力差，一般在光线均匀、微充气状态下均匀地悬浮在孵化水体中。

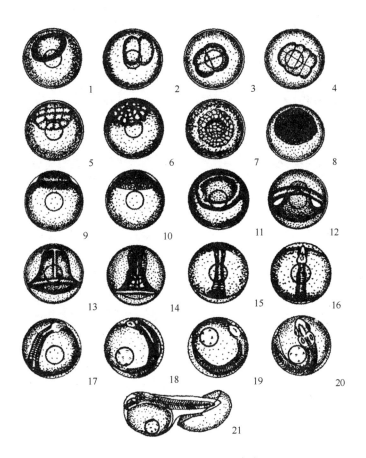

图 16.5　大黄鱼的胚胎发育（刘家富，1999）

1.1 细胞期；2.2 细胞期；3.4 细胞期；4.8 细胞期；5.16 细胞期；

6.32 细胞期；7.64 细胞期；8. 多细胞期；9. 高囊胚期；10. 低囊胚

期；11. 原肠早期；12. 原肠中期；13. 原肠晚期；14. 胚体形成期；

15. 眼泡出现期；16. 胚孔关闭期；17. 晶体出现期；18. 尾芽分离期；

19. 心跳期；20. 肌肉效应期；21. 孵出期

　　② 计数时可用 500 毫升的烧杯在孵化池中水面的气石中央随机取样 3～5
次，计算出单位水体的平均尾数，再乘以该孵化池的水体即可测算出初孵仔鱼的总尾数。初孵仔鱼计算公式如下：

$$初孵仔鱼数(万尾) =$$

$$\frac{每次取样的初孵仔鱼平均数(尾)}{取样容器容积(毫升) \times 10^{-6}(毫升 / 吨) \times 10^{4}} \times 孵化水体(吨)$$

4. 受精卵孵化率的计算方法

受精卵孵化率根据以下公式进行计算：

$$受精卵孵化率(\%) = \frac{初孵仔鱼的数量(尾)}{受精卵投放的总粒数(粒)} \times 100\%$$

第十七章　大黄鱼仔稚鱼室内培育

第一节　环境条件要求

一、学习目的

◆ 掌握大黄鱼仔稚鱼室内培育的理化条件要求。

二、技能与操作

仔稚鱼室内培育的理化条件要求：

① 育苗的适宜水温在 20~28℃，盐度在 23~28，pH 值 8~8.6，氨氮 0.1 毫克/升以下。

② 室内光照度调控在 1 000 勒克斯左右。

第二节　育苗操作与管理

一、学习目的

◆ 熟悉仔稚鱼形态的观察。

二、技能与操作

仔稚鱼形态的观察：

① 用吸管将置于凹载玻片上，用低倍镜进行形态观察。

② 根据仔稚鱼的发育特征，判断仔稚鱼发育所处的阶段。

③ 刚孵化的仔鱼在水温 23℃ 人工育苗条件下经约 18 天发育至稚鱼，再经约 22 天发育至幼鱼，整个仔稚幼鱼发育约需 40 天。

④ 仔稚鱼各个阶段的主要形态，参见第二章第四节相关部分。

第三节 苗种质量与出苗

一、学习目的

◆ 熟悉鱼苗质量的判断方法。

二、技能与操作

鱼苗质量的判断方法见表 17.1。

表 17.1 鱼苗质量要求

项目	鱼苗质量要求
外观	鱼苗大小规格整齐；集群游泳，行动活泼，在容器中轻微搅动水体，90% 以上的鱼苗有逆水能力
可数指标	畸形率小于 3%，伤病率小于 1%
可量指标	95% 以上的鱼苗全长达到 2 厘米以上
检疫	对国家规定的二、三类疫病进行检疫

第十八章 育苗生物饵料的 规模化培养与开发

第一节 单细胞海水藻类培养

一、学习目的

◆ 熟悉单胞藻类的保种操作。

◆ 掌握单胞藻类的计数方法。

◆ 熟悉单胞藻培养中的病害防治操作。

二、技能与操作

1. 单胞藻类的保种操作

（1）藻种种源选择

一级藻种培养是培育单细胞藻类最关键的一环。确保了藻种的纯正无污染，才能保障后期培养的成功。藻种尽可能取自技术力量较强的科研院所，或信誉较好的生产单位。藻种来源最好采集自不同的 2~3 个地方，分别进行保种，以便选择能适应本地区培养的藻种进行扩种培养。

（2）培养容器

可用 100~3 000 毫升的三角烧瓶作为保种容器。

（3）培养用水及器具的消毒处理

一级培养用水要经过严格过滤，光线下不见混浊颗粒为佳，必要时用脱脂棉过滤。一级用水应煮沸消毒，包扎培养瓶口的纸张需经高压灭菌方可使用。保种用的烧瓶一定要消毒彻底，先用 1∶1 盐酸洗刷，再用 1∶5 盐酸加热煮沸 5~10 分钟。

（4）营养液配制

根据藻种营养盐配方配制营养盐母液。营养盐溶液采用煮沸或高压灭菌，维生素类营养盐在消毒后的水中加入。营养盐母液最好每天经一次高压灭菌（维生素类除外），最长使用时间不超过 3 天，特别在高温季节。然后按 1 升海水添加 1 毫升营养盐母液配制藻种培养液。

（5）接种

根据藻种的浓度，一般采用 1∶（2~5）的比例进行接种。接种的藻种要处于指数生长期的藻液，一般选择在晴天的早晨 8:00 左右进行接种较为适宜。

（6）培养条件

根据藻种对温度、盐度、光照等条件的要求进行控制。

（7）管理

主要有：① 扩种分瓶时要注意瓶口不要互相接触，以免感染。每天定时摇瓶 3~4 次，摇瓶时务必使瓶底藻液旋起，以免使藻种形成沉淀或聚成团块状，同时也可防止附壁。② 加营养盐、分瓶扩种、摇瓶等操作之前，用 75%酒精擦拭手、工具等。③ 每隔 3~5 天应及时追加营养盐。④ 平时仔细镜检观察，及时淘汰污染及生长不良藻种。⑤ 此外，要根据藻种培养季节、藻类实际生长情况和育苗生物的摄食习性，提前 1~2 个月准备好藻种。

2. 单胞藻类的计数方法

（1）血球计数板

血球计数板（图 18.1）是一块特制的比普通载玻片厚的载玻片。板的中部有一部分比两边低 0.1 毫米，两边有沟。在此部的中央画线为准确面积的大小方格，其中分为 9 个大方格，每一大方格又分为 16 个中格。每一大方格的面积为 1 平方毫米。中央大格的每一中格又分为 16 小格，将中央大格分为 400 个小格。加盖玻片后，每一大格即形成一个体积为 0.1 立方毫米的空间。

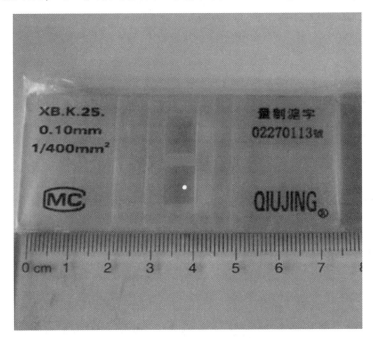

图 18.1　血球计数板

（2）单胞藻液的取样

藻液经充分搅拌后取样。如果藻液浓度较高，可将水样稀释到适宜程度，搅拌均匀后取样。

（3）单胞藻计数

把血球计数板和盖玻片水洗清洁、擦干，然后将血球计数板平放在桌面上，并盖好盖玻片，随后用一只微吸管吸取待测单胞藻液体，将管口置于计数器的盖玻片边缘处，使藻液慢慢流入计数板内。注意藻液不能过多也不能过少，应充满计数板部分。待藻类细胞沉降到玻片表面后，在低倍镜下观察计数。计数时可任意选取对角两个大格，然后计算其平均值，每个样品须重复计数两次。

（4）计算公式

藻类细胞数（1毫升）＝大格平均值×10 000×藻液稀释倍数，例如：取1毫升小球藻溶液，加9毫升过滤海水稀释，在血球计数板上计算出一大格的平均数值为31个藻类细胞，则1毫升藻液中小球藻的细胞数值为：

每毫升藻液中小球藻细胞数＝31×10 000×10＝3 100 000（个）。

3. 单胞藻培养中的病害防治

① 严格做好培养器皿和周边环境的消毒。用于培养的三角烧瓶、塑料桶、水泥池等器皿、容器和培养池，应根据单胞藻不同分级培养要求，采取严格的消毒处理后，再用消毒海水冲洗干净方可使用。新建水泥池应做去碱处理，可用草酸浸泡15天以上或涂料等方法处理后方可使用（对于新建水泥池，由于具有"反碱"现象，需每天测量pH值，并调节到适当范围内）。水泥池台、地沟、地板随时用盐酸、漂白液消毒之后再用消毒海水冲洗。

② 各池加营养盐的桶、勺子、搅拌器等工具应分池专用，做好隔离，防止交叉感染。

③ 培养出的藻液经镜检确定无污染、藻体处指数生长期、藻色鲜嫩方可用于接种。扩种操作一般选择上午、光线较适合时进行，保持藻体处旺盛的

指数生长期，减少病害的感染机会。

④ 温度低时，扩种比例小些；温度高时，扩种比例应适当增大。

⑤ 每天早晨、晚上要镜检，如果发现问题，应及时解决。对于微绿球藻若发现有原生动物，可用 HCl 使水体 pH 值降至 2~3，酸化处理 0.5~1 小时后，再用与 HCl 等当量的 NaOH 中和恢复水体 pH 值的方法进行处理。

第二节　褶皱臂尾轮虫的规模化培养

一、学习目的

◆ 掌握室内水泥池轮虫的简易计数方法。
◆ 掌握轮虫培养的敌害生物的防治方法。

二、技能与操作

1. 室内水泥池轮虫的简易计数

① 在室内轮虫培养水泥池中，用烧杯从充气水面取样。

② 搅拌烧杯水体，用标有刻度的乳胶滴管从烧杯中吸取 1 毫升轮虫培养液。

③ 将装有轮虫培养液的乳胶滴管对照光线较强的方向，缓慢边挤压乳胶头边计数从滴管下端滴出的轮虫个体数量。如果轮虫密度较大，可稍加稀释后再计数。在计数过程中，要控制滴管水管下落的速度，保证能数清楚轮虫个体。此外，在计数中，要区分轮虫与其他一些杂质，以免影响计数的准确度。

④ 重复②、③过程，计数 3 次以上，计算平均每滴管轮虫的数量。

⑤ 根据每滴管轮虫数量，换算成每毫升轮虫培养液的平均数量，以及轮虫培养池水体，计算培养轮虫的数量。轮虫数量的换算公式为：

$$轮虫数量 = 轮虫密度 \times 轮虫培养池水体 \times 10^{-2}$$

式中：轮虫数量：亿只；

　　　轮虫密度：每毫升吸管吸出的轮虫平均数量，只/毫升；

　　　轮虫培养池水体：立方米。

2. 轮虫培养过程中敌害生物的防治

轮虫培养过程中，主要敌害生物有原生动物、甲壳动物及一些有害藻类，如操作管理不当或水源污染等原因，易受到敌害生物的污染与侵害，而造成培养的失败。各种敌害生物防治方法如下：

（1）原生动物敌害的防治

包括游扑虫、尖鼻虫、变形虫等大型原生动物（图18.2），为轮虫的竞争性敌害生物，主要危害以投喂酵母为主的室内水泥池培养的轮虫。它们抢食轮虫的饵料，甚至吞食轮虫个体；当其大量繁殖时，片刻间可吃光刚泼下去的面包酵母悬浊液，导致轮虫饥饿死亡。

防治方法：① 做好水源、培养池的消毒；② 入池的海水、微藻水要用250目以上筛绢网过滤；③ 接种轮虫要用洁净海水充分冲洗；④ 停止投喂酵母类饵料，注入高浓度微藻水，抑制原生动物的繁殖；⑤ 当培养池中原生动物大量繁殖时，应考虑排光池水，重新消毒、接种。

（2）甲壳动物敌害的防治

主要有桡足类、枝角类等，有的种类为轮虫的竞争性敌害生物，抢食轮虫饵料；有的种类则为轮虫的食害性敌害生物，残食轮虫。主要危害粗放型池塘培养的轮虫。

防治方法：① 彻底清池消毒；② 入池的海水要用筛绢网过滤；③ 用浓

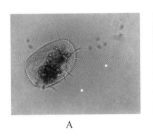 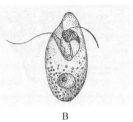 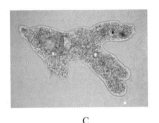

图 18.2　轮虫培养常见的几种适害原生动物

A. 游扑虫；B. 尖鼻虫；C. 变形虫

度 1.0~1.2 毫克/升的 90%晶体敌百虫溶液全池泼洒。

（3）有害藻类的防治

主要包括角毛藻、直链藻等硅藻类。室内外培养池的轮虫均会受到危害。该藻类由于个体大，轮虫无法摄食利用；在室外培育池及光照度大的室内培育池，这些藻类便在培养轮虫水体中快速生长而形成优势群体，收集时因其藻体糊住收集网网眼而使轮虫收集失败。

防治办法：① 对培养用水、接种轮虫和投喂的浮游生物饵料要严格过滤、认真筛选，杜绝有害藻类的污染；② 对于室内培养池，要调低光照度，抑制其繁殖；③ 室内培养通过定期投喂高浓度的微绿球藻饵料，室外培养通过科学施肥与追肥，促进微藻成为优势种群，抑制有害藻类的生长；④ 对有害藻大量繁殖的轮虫培养池，可用灯光诱捕方法采收轮虫。

第三节　卤虫无节幼体的孵化与营养强化

一、学习目的

◆ 熟悉卤虫卵的质量辨别方法。

◆ 熟悉提高卤虫休眠卵孵化率的措施。

◆ 掌握卤虫休眠卵去壳液的配制方法。

二、技能与操作

1. 卤虫卵的质量辨别方法

（1）直观粗测

购回的卤虫卵打开包装后，优质卵有一股新鲜的虾腥味，卵的颜色为棕褐色、有光泽，潮湿发霉卵有刺鼻的腥臭味和霉味，色泽暗淡，不鲜艳；干卵比较松散，无潮湿感，手抓少许握紧，不成团而顺手指缝流下，湿卵则成团不散，潮湿感较强。用烧杯取清水一杯，放少许卤虫卵，观察卵子的沉浮状况和水的混浊度，若水变混浊，则含土量大，若下沉快，大小不均，则泥沙杂质多。

（2）镜检鉴别

随机取少量卤虫卵于低倍镜下观测，一般好卵像踩瘪的乒乓球，若为圆形则视为湿卵或空卵；观察卵壳外的附着物，有无结晶状物质。一般来讲，质量好的卵外壳的结晶物或其他杂质少，否则说明卵在加工过程中未经清洗或沉淀处理；观察卵子的破损率，破损率越高，卵的质量越低。

（3）综合鉴别

称一定量的卤虫干卵按常规孵化，将孵化出的卤虫幼体除去卵壳和杂质后再滤至不滴水称重，所得重量除以干卵重量，一般好的卤虫卵其重量比大于2.5，劣质卤虫卵则在1.5左右；用烧杯取少量正常孵化的卤虫幼体观察，优质卵孵化出的幼体在烧杯中不易下沉，而是均匀分散于水中，活力较强，体色较红；劣质卵孵化出的幼体在烧杯中易下沉于杯底，活力较差，体色较淡。

2. 提高卤虫休眠卵孵化率的措施

（1）休眠卵预处理

① 曝光：在孵化前卵子先经一段时间的自然光刺激，以激发卵内胚胎发育，从而可以提高孵化效率。

② 除杂：有些卤虫卵因杂质多、破损壳多，在孵化前需采用比重法进行优选处理，除去泥沙、杂质和死卵。

③ 消毒：卵壳外常附有细菌、纤毛虫等有害生物，孵化前需进行消毒。具体方法是将卤虫卵放入 120 目筛绢袋内，海水浸泡 15 分钟，让干卵吸水散开，然后用浓度 200 毫克/升福尔马林溶液浸泡 30 分钟，冲洗至无气味，再用 300 毫克/升高锰酸钾溶液浸泡 5 分钟，海水冲洗至漏出水无颜色。或卤虫卵在孵化前用二氧化氯等消毒剂进行表面消毒，可以有效地减少细菌量。

④ 施用过氧化氢：不但可以激活卤虫休眠卵，而且可以灭杀孵化水体中的细菌。曾有报道，使用 0.1~0.3 毫克/升浓度的过氧化氢，卤虫卵的孵化率从 30%~50% 提高到 70%~80%。

⑤ 冷冻处理：在孵化前经潮湿冷冻处理，可显著提高孵化率。

（2）保持良好的孵化条件

① 水质控制：水温要求稳定在 30℃ 左右，pH 值在 8~9，溶氧大于 3 毫克/升，盐度 28~30。

② 孵化密度控制：一般专用孵化器体积为 50~200 升，在不断充气的状态下，孵化密度每毫升 3 克卵以下。

（3）加强孵化日常管理

① 孵化容器、气管、散气石应先清洗消毒。

② 投入卤虫卵后，应连续充气，在孵化的前阶段，充气量应大些，能把卵冲起在水层中翻滚为度。当有幼体孵出后，充气量宜小些，以免造成

幼体损伤。以底部呈漏斗形的圆桶为佳。该种结构从底部中央连续充气，可使卤虫卵上下翻滚，保持悬浮状态而不致堆积，从而提高卤虫休眠卵的孵化率。

③ 孵化过程中，利用自然光或人工光源连续照射，光强要求在 1 000 勒克斯左右，这样能满足其对光照的要求。

3. 卤虫休眠卵去壳液的配制方法

卤虫休眠卵有三层外壳，两层为硬质的卵壳膜，一层为透明的胚胎角质膜。去壳是指用化学方法除去外两层硬质壳，这样可以提高卤虫的孵化率，同时去壳卵也可不经孵化而直接投喂。

一般用 NaClO 配制卤虫休眠卵去壳液，其每克有效氯可氧化 2~2.5 克卵的壳，每克卵需配制 13 毫升的去壳液。例如用 10% 的 NaClO 溶液配制去壳液时，每 10 克卵需海水 80 毫升加 10% 的 NaClO 50 毫升，为调节 pH 值至 10 以上，还需加 NaOH 1.3 克。

第四节　桡足类的规模化开发

一、学习目的

◆ 熟悉桡足类的保活运输方法。

二、技能与操作

1. 桡足类的保活运输方法

目前，桡足类保活运输主要有两种模式：

（1）专用车辆运输

该专用车辆设计结构见图 18.3。其运输水箱约 3 立方米，配备有微孔冲气系统、桡足类装卸等装置；整体结构紧凑、简单，车辆空间利用率高，保活运输的有效容积相对较大，最大运载量可达 300 千克，保温与供气性能好，操作便捷，运输成活率较高。特别适用于 3 小时运程以内的桡足类等浮游饵料生物的保活运输。

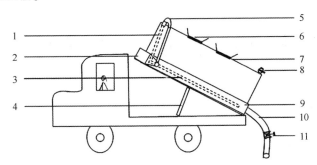

图 18.3　专用车辆的桡足类保活运输

1. 进气管道（直径 25 毫米）；2. 柴油机充气机组；3. 微孔充气管道；4. 倾卸装置液压顶棒；

5. 进气管口（直径 50 毫米）；6. 海水与桡足类装卸口（0.5 米×0.5 米）；7. 水箱（3 立方米）；

8. 排气管口（直径 50 毫米）；9. 拖拉机车斗；10. 排放口引管（直径 75 毫米）；11. 阀门

（2）厢式货车保活运输

该运输模式是在货车车厢内摆放 55 厘米、高 95 厘米（容积 0.226 立方米，装水量近 0.2 立方米）的圆柱形 PVC 或玻璃钢桶作为运输载体，并配备充气增氧系统、运输桶水面消波盖等装置来运输活体桡足类。每桶最多可装 12 千克的桡足类。这种保活运输模式与上述专用车辆相比，优点是运载量大，载重 10 吨的中型货车的最大运载量达 500 千克左右，速度快，可适应较远距离的运输；缺点是运输成本较高，占用空间大，有效容积相对较小，充气管道多，可控与保温性能差，操作较繁琐。

第十九章 大黄鱼网箱养殖

第一节 网箱养殖海域选择、制作与设置

一、学习目的

◆ 了解养殖网箱的布局。

二、技能与操作

1. 养殖网箱的布局

① 网箱的布局是否合理、科学，关系到大黄鱼养殖环境、效率、效益与成败。一般以网箱的总面积占整个网箱养殖区总水面的 10%～15% 为宜。

② 网箱不能离岸边太近，视地形与水深情况应保持在 20 米以上的距离。

③ 以每 120～140 个网箱框位连成 1 个渔排（约 2 000 平方米）为宜。应根据网箱框位规格的大小，以及网箱设置海区的深度与风浪大小进行具体布局。水较深与风浪较大的海区，单个渔排的面积可偏大些。渔排楔形方向沿潮流设置。各渔排间的间距应保持 10 米以上。

④ 每个网箱养殖区由 40～50 个渔排 5 000～6 000 个网箱框位（网箱总面积为（8～10）×10⁴ 平方米组成。网箱区内沿潮流方向，应留有 1 个 50 米以

上、数个 20 米以上宽的通道。

⑤ 若超过 6 000 个网箱框位（约 10×10^4 平方米），应另设养殖区。两个养殖区之间应间隔 1 000 米以上。

⑥ 每个独立的网箱区连续养殖两年后，应有计划地安排在越冬期间，统一收起挡流装置及网箱，休养 1~3 个月，使网箱底部的沉积物随潮流得到转移或氧化。

养殖网箱理想布局参见图 19.1。

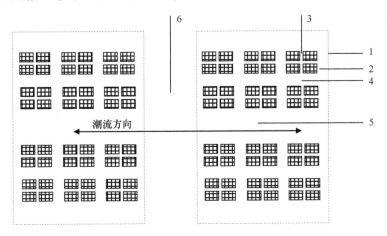

图 19.1　养殖网箱理想布局

1. 网箱养殖区；2. 养殖渔排；3. 子通道（宽 10 米以上）；4. 次通道（宽 20 米以上）；5. 主通道（宽 50 米以上）；6. 网箱养殖区间通道（宽 1 000 米以上）

第二节　网箱培育大黄鱼鱼种

一、学习目的

◆ 掌握鱼苗投饲管理。

◆ 掌握鱼种的越冬管理。

二、技能与操作

1. 鱼苗投饵管理

（1）饲料种类

刚移入海区网箱的小规格鱼苗，即可投喂加工的鱼贝肉糜、湿颗粒饲料或人工配合微颗粒饲料，以及冰鲜桡足类、糠虾与磷虾等。规格25克/尾以上的鱼种可直接投喂经切碎的鱼肉块。若网箱区的桡足类、糠虾等天然饵料较多，晚上可在网箱上吊灯诱集。为促进苗种的生长与防病，可在人工饲料中定期添加适量的鱼用多种维生素。

（2）投饵率

30毫米以内的鱼苗，在15℃以上时，换算成冰鲜或湿颗粒饲料的日投饵率为30%~50%。随着鱼苗的长大，逐渐降低投饵率。全长约160毫米规格的鱼种，在水温15℃左右的日投饵率约为4%。实际投饵量的大小要根据气候情况、海区水温条件、鱼苗规格的大小进行灵活掌握，可视前一天鱼苗的摄食情况进行适当增减。

（3）投饵频率

坚持少量多次、缓慢投喂的方法。全长25~50毫米的苗种，每天投喂4~6次；随着养殖时间延长和鱼苗规格的长大，逐渐减少每天的投喂次数，到鱼种培育后期减少到每天2次；11月至越冬前的12月底（水温15~20℃），按每天1次进行投喂，且应选择在早晨及傍晚摄食较好的两个时段进行投喂，可有效缩短投喂时间。

（4）投喂方法及注意事项

① 投喂前可先在网箱内划水，使苗种形成集群上浮摄食的条件反射。投

喂时，先在集群处投喂，待大批苗种集群，再扩大投喂面积，使绝大部分的苗种都能摄食到饵料；当多数苗种吃饱散开或下沉时，应继续在周围少量投喂，使弱小的苗种也能摄食到饵料，从而保证培育出的鱼苗规格整齐、有较高的成活率。

② 一般鱼苗暂养网箱数量不多的情况下，可采取逐个网箱投足饵料的投喂方式。在鱼苗暂养网箱多的情况下，采取逐个网箱投足饵料的投喂方式需较多的劳动力和投喂时间，可采用轮流分散投喂的方式，即一次性在每个网箱投喂少量饲料后，再重复轮流开始投喂，直到每个网箱的鱼苗都吃饱。

③ 有时因气候原因苗种未上浮到水面，停留在中层摄食，这时可根据往日的摄食情况，坚持照常投喂。在苗种不上浮摄食时，亦可根据苗种摄食时发出的"咕、咕"响声来掌握投喂量。

④ 一次性投喂团状浮性饲料的，应在投喂1~2小时后把残饵捞起，以免饲料变质被鱼摄食而引起苗种致病。

⑤ 在高温季节加工冰冻和冰鲜饵料时，宜去除碎冰后即趁低温加工，避免在太阳下暴晒或长时间浸泡解冻后才加工，引起饵料变质。

⑥ 人工配合硬颗粒饲料宜用水喷洒软化后再投喂，增加其适口性。

⑦ 网箱内水流湍急时不宜投喂。

2. 鱼种的越冬管理

4月初入箱的全长30毫米左右的鱼苗，经过9个月的培育，到当年12月底可培育成体长130~160毫米、体重50~100克的鱼种；部分大的可达体长250毫米、体重250克以上。随着水温的下降，大黄鱼的摄食也逐渐减少，尤其是到翌年1月水温下降到13℃以下时，摄食明显减少，进入鱼种的越冬期。大约到3月下旬至4月上旬水温回升至13℃以上，需3个月的越冬时间。做好大黄鱼鱼种的越冬培育工作，对提供健壮养殖鱼种具有重要意义。鱼种的越冬管理主要包括越冬前、越冬中期和越冬后期的管理：

（1）越冬前的管理操作

① 为准确掌握各网箱中鱼种的规格、数量与状态，为鱼种越冬及越冬后的鱼种放养、销售做准备，越冬前应对所有网箱中的鱼种进行全面清点与选别，并按不同规格与相应的密度，进行拼箱或分箱。

② 越冬期间大黄鱼摄食量小，又要体能消耗，为此在越冬前要提高饲料质量强化饲养，增强鱼种体质，为其安全、顺利越冬储备足够的能量。

③ 鱼种在越冬期间不宜搬动，也不便于治疗鱼病。为此在海区水温降至15~16℃的越冬之前，要提早做好网箱的安全防患与防病工作。越冬前要认真检查网箱的固定、挡流及网具，消除越冬过程中的隐患；同时，根据拼箱、分箱过程中发现鱼种的病、伤情况，及早通过口服与浸浴的给药方法予以治疗，使鱼种在进入越冬之前处于良好的状态。

（2）越冬中期的饲养管理

① 鱼种在越冬期间虽摄食量大减，但仍可少量摄食，因此要坚持每天投喂 1 次，低温或阴雨天气也要隔天投喂 1 次。

② 饲料应保证新鲜。鲜杂鱼每天投饵率在 1% 左右，投喂时间宜选在当天水温较高的午后至傍晚前。

③ 越冬期间鱼种一般仅在中层缓慢摄食，应根据鱼种的"咕、咕"叫声而慢慢投喂。同时为减少饲料散失，以投喂浮性的鱼肉糜或颗粒饲料为宜。

④ 定期在饲料中添加营养和免疫增强剂，增强鱼体体质。发现病害尽量以药物口服法与吊挂缓释剂予以治疗。若一定要进行药浴处理，也应选择在晴暖天气的午后进行。

⑤ 为避免鱼体损伤，越冬期间一般不换网箱。

（3）越冬后期管理

经过约 3 个月的越冬，部分鱼种体质有所下降。若不精心管理，到后期易发生暴发性死亡。为此，越冬后期仍要加强管理。随着水温的回升，鱼种摄食强度明显增大，但投喂量应缓慢地逐日增加，让越冬鱼种的消化功能有一个逐步恢复的过程，避免突然增大投喂量而引发病害。这一阶段仍要尽量避免移箱操作。

第三节　大黄鱼网箱养殖与管理

一、学习目的

◆ 掌握鱼种的运输方法。

◆ 掌握鱼种放养季节与放养密度。

◆ 熟悉网箱养殖的日常管理操作。

◆ 掌握作为活鱼运销的商品鱼收获方法。

二、技能与操作

1. 鱼种的运输

（1）运输工具

鱼种的运输工具有活水船、活水车、鱼篓、水箱、塑料袋充氧等。大黄鱼鳞片薄软，稍动易分泌黏液，特别是数量较大时，如采取封闭的容器运输，如氧气袋等，分泌的黏液易使运输水体黏稠，即使充气也很难达到增氧的目的，很难保证运输的成活率。因此，在生产上鱼种的运输方法多采用活水运输船、配合充气的方法进行批量长途运输，其运输成本也相对较低，特别在大量运输时能取得较好效果。

（2）运输水温和天气

一般在水温下降到 16~18℃时的秋季，或水温上升至 14℃以上的春季进行运输。活水船运输要选择暖和且风浪小的天气。

（3）运输前准备

鱼种发病期间或饱食后的鱼种不宜运输。运输前需停食 1~2 天，有利于减少其代谢产物对运输水质的影响和增强其抗应激能力。

（4）运输密度

鱼种的运输密度与运输方式、鱼种规格大小、运输水温、运输时间等有着很大关系。不同规格鱼种活水船运输可参照表 19.1。

表 19.1　不同规格鱼种活水船运输参考密度

序号	鱼种规格（克/尾）	运输密度（尾/米³）
1	50~100	200~300
2	100~150	150~200
3	150~250	100~150

注：活水船 30 吨、运输水温 15℃、运输时间 12 小时。

（5）运输管理

① 采用活水船运输时，运输过程要保证船舱内装载鱼的水体处于活水状态，即使用泵体不间断向船舱内连续加入海区新水，一般每小时保证舱内水体交换率达 200%左右。

② 运输途中采取遮光措施并保持微充气状态。

③ 运输途中，鱼种分泌的黏液容易使水质黏稠、变坏，影响水体溶解氧，要经常用捞网清除。

④ 观察鱼种及运输器具运转状态，确保进出水畅通和鱼种活力。

2. 鱼种的放养

（1）放养时间

位于潮流湍急海区的网箱，应选择在小潮汛平潮流缓时放养。晴热天气时，应选择在较凉爽的早晨与傍晚后投放；早春低温天气时，应选择在较暖和且无风的午后投放。

（2）放养密度

鱼种的放养密度应根据网箱内水流畅通情况、鱼种的规格和养殖网箱大小等综合情况来确定。一般情况下，鱼种的放养密度可参照表19.2。对于12~24个通框的大网箱，放养密度可在表19.2的基础上适当提高10%~20%。

表 19.2   不同规格鱼种放养密度参考密度

序号	鱼种规格（克/尾）	放养密度（尾/米³）
1	50~100	30~35
2	100~150	25~30
3	150~250	20~25

（3）鱼种的消毒

为防止带入病原体，在鱼种运达网箱区后，可利用在搬运间隙，用安全的抗菌素的淡水溶液对鱼种进行浸浴消毒后放养。

（4）注意事项

若使用氧气袋等封闭性水体运送鱼种的，在移入网箱时，要避免比重与水温等条件的突变。放养时采取在运送水体中逐量添加网箱区海水的办法，使放养鱼种适应网箱区养殖水环境。

3. 网箱养成日常管理操作

大黄鱼商品鱼网箱养殖的管理操作，基本上同鱼种培育阶段，主要区别之处和注意事项有：

① 晚春初夏与秋季是大黄鱼的适宜生长季节，但网箱上最容易附生附着物，也是养殖病害的高发季节。因此，春、秋两季要经常检查网眼的堵塞情况，定期在网箱壁周围泼洒生石灰，减少生物附着，一般每隔30~50天换洗1次；大网箱养殖由于网箱面积大，存鱼量大，换箱操作不便，原则上采取定期刷洗网箱的方式来保持网箱内水流的畅通，一般每隔2~3个月刷洗网箱1次。

② 高温期间，鱼体抵抗力差，为避免应激反应，原则上不建议换网。鱼体活力不好或饱食后、箱内潮流湍急等情况下，也不宜换网操作。

③ 换网时要防止鱼卷入网衣角内造成擦伤和死亡。

④ 要坚持每天早、午、晚3次检查鱼体动态，特别是在水流不畅或水质富营养化的连片网箱养殖区中央区域。尤其是在闷热天气、小潮汛的平潮无流以及夜间和凌晨，要加强巡视，并适时开动增氧设备，谨防缺氧死鱼。

4. 作为活鱼运销的收获

大黄鱼作为活鱼销售，商品鱼价格较高，其技术要求也较高。大黄鱼的活鱼运销，其关键技术是如何保证活鱼运输的成活率。作为运输前的收获环节应注意：

① 应事先检查鱼体是否有"应激反应"症状，若发现则不宜马上起捕，应使用鱼用多种维生素等营养强化数日，直至"应激反应"症状消失后才能起捕运输。

② 起捕前应停饵2~3天，可有效降低运输过程鱼体排泄物等对运输水质

的影响。

③ 批量运输大黄鱼活鱼可采用提箱赶鱼进活水舱的办法；少量运输则可用盆、桶等工具带水捞取，以避免鱼体受伤而影响外观与成活率。此外，活鱼运输的方式也是非常重要，宜以活水船运输为佳，且宜选择在风浪不大时进行。

第四节　大黄鱼养殖病害预防

一、学习目的

◆ 了解大黄鱼养殖常见病害种类。
◆ 掌握大黄鱼养殖病害的主要预防措施。
◆ 熟悉常见大黄鱼养殖病害的防治方法。
◆ 熟悉常见的禁用渔用药物。

二、技能与操作

1. 大黄鱼养殖常见病害的种类

目前，随着养殖规模不断扩大和养殖水环境质量下降，大黄鱼养殖病害问题呈现出病害种类多、危害面广、经济损失严重等特点，已制约大黄鱼养殖产业可持续健康发展。

据统计，目前大黄鱼人工育苗及养殖过程出现的病害种类达30多种，病原种类涵盖病毒、细菌和寄生虫等，病害发生领域涉及大黄鱼人工育苗、鱼种培育与成鱼养殖等各个阶段。目前发现的病毒性疾病有大黄鱼虹彩病毒病，细菌性疾病主要有弧菌病、肠炎病、内脏白点病等，寄生虫类疾病主要有本尼登虫病、瓣体虫病、淀粉卵涡鞭虫病、刺激隐核虫病（白点病）等，还有一些如肝胆综合征、白鳃症、卵巢过熟症、"应激反应"综合征等非病原或不明病因的疾病。

2. 大黄鱼养殖病害的主要预防措施

大黄鱼的病害防治工作，涉及养殖环境、养殖技术与管理、苗种的种质与体质等诸多方面，是一个系统性的工程。特别是在集约化的养殖模式下，由于环境条件、鱼体密度、饵料质量等因素都与天然状况下差别很大，如管理不善极易引起各种病害。做好大黄鱼的病害防控工作，应树立"重在预防"和"健康养殖"的防治理念，如果在病害暴发流行期，其防治措施往往收效甚微。因此，在养殖之前和养殖过程中都要非常重视病害的预防工作，特别要在海区的选择、网箱的合理布局、苗种的质量把关、饵料的科学投喂、日常科学管理等方面下工夫，控制病害的发生和减少病害的危害。

在大黄鱼养殖病害防治过程中，要贯彻"以防为主"的病害防治理念，以环境、机体、病原体三因素的相互关系为指导，通过消灭病原体和切断传播途径、提高鱼类体质和免疫力、改善养殖环境等综合途径，达到病害预防的目的。主要预防措施有：

① 保持良好养殖环境：包括科学投喂减少环境污染、选择具良好水质和潮流畅通的海域、网箱布局要科学合理等。

② 提高机体抗病：包括选择优良的苗种、保持合理的培育密度、保证饲料新鲜和营养，适时添加维生素、免疫类制剂增强鱼的体质等。

③ 提早预防：在病害流行季节，采用药物拌饵、吊挂的方式进行预防。

④ 操作规范，避免鱼体受伤。

3. 常见大黄鱼养成病害的防治

目前，大黄鱼人工养殖阶段的常见病害有：①细菌性疾病，包括肠炎病、弧菌病、内脏白点病等；②寄生虫性疾病，主要包括本尼登虫病、瓣体虫病、淀粉卵涡鞭虫病、刺激隐核虫病等；③不明病因病，如白鳃病；④非病原性疾病，包括肝胆综合征、大黄鱼鱼苗的异常胀鳔病等。这里仅介绍常见的病害及其防治技术。

（1）肠炎病

【病原】为嗜水气单胞菌。

【临床症状】病鱼腹部膨胀，内有大量积水，轻按腹部，肛门有淡黄色黏液流出。有的病鱼皮肤出血，鳍基部出血；解剖病鱼，肠道发炎，肠壁发红变薄，详见图 19.2。

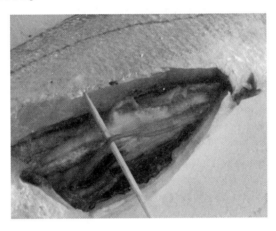

图 19.2　肠炎病肠道症状

【流行阶段与季节】养殖大黄鱼，5—11 月。

【治疗方法】立即停饵 1~2 天，然后按大蒜素 1~2 克/千克饲料，拌饵投喂 3~5 天。

（2）弧菌病（烂头、烂尾病）

【病原】为弧菌属（Vibrio）中的一类弧菌，主要有危害性能致大黄鱼死亡的弧菌有副溶血弧菌、溶藻弧菌、哈维氏弧菌、创伤弧菌等。

【临床症状】感染初期，体色多呈斑块状褪色，食欲不振，缓慢浮于水面，有时回旋状游泳；随着病情发展，鳞片脱落，吻端、鳍膜烂掉，眼内出血，肛门红肿扩张（图 19.3-A），常有黄色黏液流出（图 19.3-B）。

A. 弧菌病病鱼　　　　　　　　B. 病鱼肠内的黄色黏液

图 19.3　患病大黄鱼的体表及解剖照片

【流行阶段与季节】养成大黄鱼，常年。

【治疗方法】五倍子（要先磨碎后用开水浸泡）2~4 毫克/升，连续泼洒3 天；三黄粉 30~50 克/千克饲料，拌饵投喂 3~5 天；吊挂"白片"（三氯异氰尿酸缓释剂）。

（3）内脏白点病

【病原】从病鱼的肝脏、脾脏中分离出假单胞菌。其种类有门多萨假单胞菌、铜绿假单胞菌、恶臭假单胞菌。

【临床症状】病鱼活动力下降，离群缓慢游动，摄食减少甚至不摄食，体色变黑，鱼体外表及鳃部无寄生物或溃疡。解剖发现病鱼脾脏暗红色有许多白点状结节，大小在 1 毫米以下（图 19.4-A）；肾脏也有许多白色结节，大的在 2 毫米左右，胃肠内容物很少（图 19.4-B）。严重者肝脏也会出现白色点状结节，以及出现腹水。

【流行阶段与季节】养殖大黄鱼，1—5月。

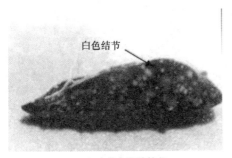

A. 大黄鱼脾脏结节

B. 大黄鱼肾脏结节

图 19.4　内脏上的白色结节

【治疗方法】开始发病时可在饲料中添加恩诺沙星，3~5克/千克饲料，每疗程7~10天；氟苯尼考（含量10%）剂量为1~2克/千克饲料，每疗程7~10天。也可两种药物交替使用，要注意休药期。

（4）本尼登虫病

【病原】病原为狮本尼登虫（*Bendenia seridae*）等一类单殖吸虫。虫体椭圆扁平、白色、大小相差较大为0.5~6.6毫米，虫体前突，两侧有两个小圆形的前吸器，后端有一个圆形的后吸器，形态见图19.5-A。

【临床症状】该虫寄生在鱼体表各个部位，用后吸盘附着在鱼皮肤上或鳞片下，摄取鱼体上皮细胞、血球。病鱼黏液分泌过多，焦躁不安，不断狂游或摩擦网箱壁。病鱼局部鳞片脱落、眼球发红、烂尾、烂头，往往继发性细菌感染、溃疡。病鱼外观图19.5-B。

【流行阶段与季节】发病高峰期在9—11月。

【治疗方法】通常的防治措施是发病高峰期，在网箱内吊挂晶体敌百虫。

（5）瓣体虫病

【病原】病原体为石斑瓣体虫（*Petalosoma epinephelis*），布娄克虫是其同

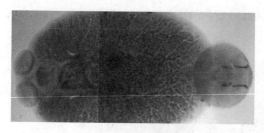

A. 本尼登虫   B. 本尼登虫病鱼

图 19.5   显微镜下本尼登虫及患病鱼

物异名，是原生动物中纤毛虫的一种，虫体腹面平坦的椭圆形或卵形，大小（43~81）微米×（29~55）微米。腹面有一圆形胞口和漏斗状口管，有一椭圆形大核和一圆球形小核，大核之后有一花朵状折光瓣体。腹面左右侧各有12~14 条纤毛线，中间 5~8 条纤毛线，背面裸露无纤毛。其形态构造如图19.6-A 所示。

【临床症状】寄生在大黄鱼的体表皮肤和鳃上，寄生处出现大小不一的白斑（白点）。病鱼游泳无力，独自浮游于水面，鳃部严重贫血呈灰白色，并黏附许多污物，呼吸困难，病死的鱼胸鳍向前方伸直，鳃盖张开，患病鱼离群缓慢游动，头顶变红（图 19.6-C）。刮取体表黏液或剪下少许鳃丝做成湿片在显微镜下观察，检出较多虫体便可确诊（图 19.6-B）。

【流行阶段与季节】海上网箱，鱼苗中间阶段；4—8 月。

【治疗方法】吊挂"白片"（三氯异氰尿酸缓释剂）和"蓝片"（硫酸铜与硫酸亚铁合剂缓释剂）；淡水加安全抗生素浸浴 3~5 分钟（注意增氧），隔天重复 1 次。

（6）淀粉卵涡鞭虫病

【病原】病原初步定为眼点淀粉卵涡鞭虫（*Amyloodinium ocellatum*），虫体内含有淀粉粒，成虫用假根状突起固着在鱼体上。形态如图 19.7-A 所示。

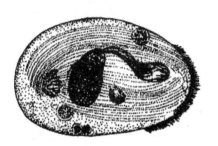

A. 瓣体虫(仿黄琪炎,1981)

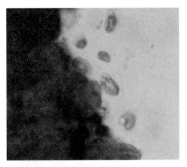

B. 病鱼鳃丝上的瓣体虫

C. 鱼体头顶变红

图 19.6　瓣体虫

【临床症状】主要寄生在鱼类的鳃上，如图 19.7-B 所示，其次是体表皮肤和鳍，病情严重的肉眼可见许多小白点。病鱼游泳缓慢，浮于水面，鳃盖开闭不规则，口常不能闭合，有时喷水，呼吸困难，有时靠在固体物上、网衣上，摩擦身体。

【流行阶段与季节】室内亲鱼及仔稚鱼培育，3—6 月。

【治疗方法】淡水加安全抗生素浸浴 3~5 分钟，隔天 1 次；硫酸铜 1 毫克/升，连续泼洒 3 天。

（7）刺激隐核虫病（白点病）

【病原】病原为刺激隐核虫（*Cryptocaryon irritans*），海水小瓜虫（*Ich-*

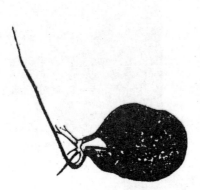

A. 淀粉卵涡鞭虫(仿江草)

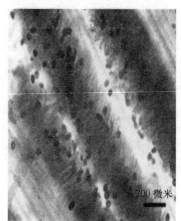

B. 鱼鳃中的虫体

图 19.7　显微镜下淀粉卵涡鞭虫

tyohthirius marinus）是其同物异名。虫体球形或卵形，大小 0.4～0.5 毫米，全身披纤毛，前端有一胞口，有 4 个卵圆形组合成的呈马蹄状排列的念珠状大核。其形态如图 19.8-A 所示。

【临床症状】病鱼体表、鳃、眼角膜和口腔等，肉眼可观察到许多小白点，严重时病鱼体表皮肤有点状充血，鳃和体表黏液增多，形成一层白色混浊状薄膜。病鱼食欲不振或不摄食，身体瘦弱，游泳无力，呼吸困难，见图 19.8-B。

【流行阶段与季节】室内亲鱼、鱼苗培育，1—4 月；养殖大黄鱼，5—7 月。

【治疗方法】对室内亲鱼、鱼苗，用淡水加安全抗生素浸浴 3～15 分钟，隔天 1 次；对网箱中的病鱼于夜间连续数天吊挂"白片"（三氯异氰尿酸缓释剂）和"蓝片"（硫酸铜与硫酸亚铁合剂缓释剂）。

（8）白鳃症

【病原】目前该病病原尚未确定。

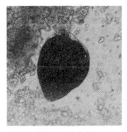

A. 黏液中的虫体

B. 患病大黄鱼体表白点

图 19.8　大黄鱼刺激隐核虫病

【临床症状】病鱼游动缓慢，鱼体外观体色偏黄；鳃丝颜色明显变浅，甚至苍白（图 19.9-A）；肝脏呈黄色或土黄色，脾脏严重肿大，胆汁充盈，肌肉颜色苍白；血液颜色变浅，量少（图 19.9-B）。

A. 左为健康鱼，右为病鱼

B. 病鱼的肝脏、鳃丝

图 19.9　大黄鱼白鳃症

【流行阶段与季节】养殖大黄鱼，7—9 月下旬。

【治疗方法】饵料停喂 3~5 天，或减少投喂量的 1/3~1/2，改成投喂配合饲料。再次喂料时在饵料中添加多种维生素、肽聚糖和黄肝散，添加量分别为 5 克/千克、0.1 克/千克和 5 克/千克，连续投喂 5 天以上。

（9）肝胆综合征

【病原】主要是大量或长期投喂腐败变质或冷冻的冰鲜饲料，或过量或长期使用抗生素、化学合成类药物和杀虫剂，损伤鱼体肝脏引起的。

【临床症状】病鱼游动无力或有时烦躁不安，甚至痉挛窜游。肝脏发生脂肪肝病变，或肝脏肿大，颜色变浅，呈土黄色，或肝胆汁淤积形成"绿肝"，或肝淤血，颜色呈暗红色，形成"红肝"，其胆囊膨大，胆汁充盈，颜色呈艳红。肝脏病变的类型有：① 脂肪肝，肝组织中大量的脂肪积累，形成红、白相间的"花肝"（图 19.10-A）；肝脏肿大，严重者大于正常鱼的一倍以上，颜色变浅，呈土黄色、水肿状态；② 肝胆汁淤积，颜色变浅，形成"绿肝"，其胆囊膨大，呈深墨绿色（图 19.10-B）；③ 肝淤血，颜色呈暗红色，形成"红肝"，其胆囊膨大，胆汁充盈（图 19.10-C）。

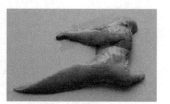

A. 花肝　　　　　　　　B. 肝淤血　　　　　　　　C. 红肝

图 19.10　大黄鱼肝胆综合征

【流行阶段及季节】150 克以上的养殖大黄鱼，6—9 月初。

【治疗方法】立即停饵 2~3 天，并内服护肝药物、复合维生素、干酵母等，连续投喂 5 天。

（10）大黄鱼鱼苗的异常胀鳔病

【病原】黄鱼苗的异常胀鳔病为营养性疾病。致病原因是鱼苗体内缺乏EPA（20 碳 5 烯酸）和 DHA（22 碳 6 烯酸）等 ω3HUFA 系列的高度不饱和脂肪酸的营养。具体原因是投喂的轮虫和卤虫幼体等饵料的高度不饱和脂肪酸营养强化不够，或是缺乏桡足类之类生物饵料而致病，终至批量死亡。

【临床症状】患病的仔稚鱼不摄食，体色发白，腹部膨大，肠胃内无食物，其鳔比正常的鳔约大 1/3 以上。对外界的光、声等刺激反应敏感，常引起仔稚鱼骤然大量堆积在水面而无法沉入水层，时而挣扎而打转；同时体表分泌大量黏液，有的当即休克死亡，有的挣扎 1~2 天后，陆续衰竭死亡。鱼苗发现上述症状并结合检查投喂饵料的种类及营养强化情况即可诊断。

【流行阶段及季节】大黄鱼鱼苗的异常胀鳔病是在大黄鱼人工育苗初试期间，主要发生在大黄鱼的仔稚鱼阶段（即鱼苗阶段）。

【治疗方法】该病发生后，其治疗已相当相当困难，其主要在于预防，主要措施有：① 投喂的轮虫用刚增殖的 1 500 万~2 000 万个/毫升浓缩微绿球藻液进行 6 小时以上的二次强化培养。当小球藻液水色变淡，而强化的轮虫体色变绿时，即可收集投喂。② 投喂的卤虫无节幼体要经乳化鱼肝油等进行营养强化后投喂。③ 投喂适口的富含高度不饱和脂肪酸的桡足类及其幼体。④ 配合投喂营养全面的微颗粒人工配合饲料。

大黄鱼养成病害的常用治疗方法见表 19.3。

表 19.3　大黄鱼养成病害的常用治疗方法

病害名称	主要症状	流行阶段与季节	治疗方法
肠炎病	病鱼腹部膨胀，内有大量积水，轻按腹部，肛门有淡黄色黏液流出。有的病鱼皮肤出血，鳍基部出血；解剖病鱼，肠道发炎，肠壁发红变薄	养殖大黄鱼，5—11 月	立即停饵 1~2 天，然后按大蒜素 1~2 克/千克饲料，拌饵投喂 3~5 天
弧菌病	感染初期，体色多呈斑块状褪色，食欲不振，缓慢浮于水面，有时回旋状游泳；随着病情发展，鳞片脱落、吻端、鳍膜烂掉，眼内出血，肛门红肿扩张，常有黄色黏液流出	养殖大黄鱼；常年	五倍子（要先磨碎后用开水浸泡）2~4 毫克/升，连续泼洒 3 天；三黄粉 30~50 克/千克饲料，拌饵投喂 3~5 天；吊挂"白片"（三氯异氰尿酸缓释剂）

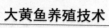

续表

病害名称	主要症状	流行阶段与季节	治疗方法
刺激隐核虫病	病鱼体表、鳃、眼角膜和口腔等，肉眼可观察到许多小白点，严重时病鱼体表皮肤有点状充血，鳃和体表黏液增多，形成一层白色混浊状薄膜。病鱼食欲不振或不摄食，身体瘦弱，游泳无力，呼吸困难	室内亲鱼、鱼苗培育，1—4月；养殖大黄鱼，5—7月	对室内亲鱼、鱼苗，用淡水加安全抗生素浸浴3～15分钟，隔天1次；对网箱中的病鱼于夜间连续数天吊挂"白片"（三氯异氰尿酸缓释剂）和"蓝片"（硫酸铜与硫酸亚铁合剂缓释剂）
布娄克虫病	寄生在大黄鱼的体表皮肤和鳃上，寄生处出现大小不一的白斑（白点）。病鱼游泳无力，独自浮游于水面，鳃部严重贫血呈灰白色，并黏附许多污物，呼吸困难，病死的鱼胸鳍向前方但伸直，鳃盖张开	海上网箱鱼苗中间培育；4—8月	吊挂"白片"（三氯异氰尿酸缓释剂）和"蓝片"（硫酸铜与硫酸亚铁合剂缓释剂）；淡水加安全抗生素浸浴3～5分钟（注意增氧），隔天重复1次
淀粉卵涡鞭虫病	主要寄生在鱼类的鳃上，其次是体表皮肤和鳍，病情严重的肉眼可见许多小白点。病鱼游泳缓慢，浮于水面，鳃盖开闭不规则，口常不能闭合，有时喷水，呼吸困难，有时靠在固体物上、网衣上，摩擦身体	室内亲鱼及仔稚鱼培育，3—6月	淡水加安全抗生素浸浴3～5分钟，隔天1次；硫酸铜1毫克/升，连续泼洒3天
白鳃症	病鱼游动缓慢，鱼体外观体色偏黄；鳃丝颜色明显变浅，甚至苍白；肝脏呈黄色或土黄色，脾脏严重肿大，胆汁充盈，肌肉颜色苍白；血液颜色变浅，量少，呈粉红色	养殖大黄鱼，7月中旬至9月下旬	饵料停喂3～5天，或减少投喂量1/3～1/2，改成投喂配合饲料。再次喂料时在饵料中添加多种维生素、肽聚糖和黄肝散，添加量分别为5克/千克、0.1克/千克和5克/千克，连续投喂5天以上

续表

病害名称	主要症状	流行阶段与季节	治疗方法
内脏白点病	病鱼活动力下降，离群缓慢游动，摄食减少甚至不摄食，体色变黑，鱼体外表及鳃部无寄生物或溃疡。解剖发现病鱼脾脏暗红色有许多白点状结节，大小在1毫米以下，肾脏也有许多白色结节，大的在2毫米左右，胃肠内容物很少。严重者肝脏也会出现白色点状结节，以及出现腹水	养殖大黄鱼，1—5月	开始发病时可在饲料中添加氟苯尼考（含量10%），剂量为1~2克/千克饲料，每疗程7~10天。要注意休药期
肝胆综合症	病鱼游动无力或有时烦躁不安，甚至痉挛窜游。肝脏发生脂肪肝病变，或肝脏肿大，颜色变浅，呈土黄色，或肝胆汁淤积形成"绿肝"，或肝淤血，颜色呈暗红色，形成"红肝"，其胆囊膨大，胆汁充盈，颜色呈艳红	150克以上的养殖大黄鱼，6月初至9月初	立即停饵2~3天，并内服护肝药物、复合维生素、干酵母等，连续投喂5天

2. 主要渔药使用方法及禁用渔用药物

（1）渔用药物使用方法

各类渔用药物使用方法见表19.4。

表 19.4 NY 5071-2002《无公害食品 渔用药物使用准则》

渔药名称	用途	用法与用量	休药期（天）	注意事项
氧化钙（生石灰）calcii oxydum	用于改善池塘环境，清除敌害生物及预防部分细菌性鱼病	带水清塘：200～250 毫克/升（虾类：350～400 毫克/升）全池泼洒：20～25 毫克/升（虾类：15～30 毫克/升）		不能与漂白粉、有机氯、重金属盐、有机络合物混用
漂白粉 bleaching powder	用于清塘、改善池塘环境及防治细菌性皮肤病、烂鳃病、出血病	带水清塘：20 毫克/升全池泼洒：1～1.5 毫克/升	≥5	1. 勿用金属容器盛装；2. 勿与酸、铵盐、生石灰混用
二氯异氰尿酸钠 sodium dichloroiso-cyanurate	用于清塘及防治细菌性皮肤溃疡病、烂鳃病、出血病	全池泼洒：0.3～0.6 毫克/升	≥10	勿用金属容器盛装
三氯异氰尿酸 trichloroisocyanuric acid	用于清塘及防治细菌性皮肤溃疡病、烂鳃病、出血病	全池泼洒：0.2～0.5 毫克/升	≥10	1. 勿用金属容器盛装；2. 针对不同的鱼类和水体的 pH 值，使用量应适当增减
二氧化氯 chlorine dioxide	用于防治细菌性皮肤病、烂鳃病、出血病	浸浴：20～40 毫克/升，5～10 分钟 全池泼洒：0.1～0.2 毫克/升，严重时 0.3～0.6 毫克/升	≥10	1. 勿用金属容器盛装；2. 勿与其他消毒剂混用
二溴海因 dibromodimethvl hvdantoin	用于防治细菌性和病毒性疾病	全池泼洒：0.2～0.3 毫克/升		

续表

渔药名称	用途	用法与用量	休药期（天）	注意事项
氯化钠（食盐）sodium chloride	用于防治细菌、真菌或寄生虫疾病	浸浴：1%～3%，5～20分钟		
硫酸铜（蓝矾、胆矾、石胆）copper sulfate	用于治疗纤毛虫、鞭毛虫等寄生性原虫病	浸浴：8毫克/升（海水鱼类：8～10毫克/升），15～30分钟 全池泼洒：0.5～0.7毫克/升（海水鱼类：0.7～1.0毫克/升）		1. 常与硫酸亚铁合用； 2. 广东鲂慎用； 3. 勿用金属容器盛装； 4. 使用后注意池塘增氧； 5. 不宜用于治疗小瓜虫病
硫酸亚铁（硫酸低铁、绿矾、青矾）ferrous sulphate	用于治疗纤毛虫、鞭毛虫等寄生性原虫病	全池泼洒：0.2毫克/升（与硫酸铜合用）		1. 治疗寄生性原虫病时需与硫酸铜合用； 2. 乌鳢慎用
高锰酸钾（锰酸钾、灰锰氧、锰强灰）potassium permanganate	用于杀灭锚头鳋 浸浴：10～20毫克/升，15～30分钟	全池泼洒：4～7毫克/升		1. 水中有机物含量高时药效降低； 2. 不宜在强烈阳光下使用
四烷基季铵盐络合碘（季铵盐含量为50%）	对病毒、细菌、纤毛虫、藻类有杀灭作用	全池泼洒：0.3毫克/升（虾类相同）		1. 勿与碱性物质同时使用； 2. 勿与阴性离子表面活性剂混用； 3. 使用后注意池塘增氧； 4. 勿用金属容器盛装

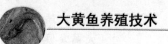

续表

渔药名称	用途	用法与用量	休药期（天）	注意事项
大蒜 crownt streacle，garlic	用于防治细菌性肠炎	拌饵投喂：10~30 克/千克体重，连用 4~6 天（海水鱼类相同）		
大黄 medicinal rhubarb	用于防治细菌性肠炎、烂鳃	全池泼洒：2.5~4.0 毫克/升（海水鱼类相同）拌饵投喂：5~10 克/千克体重，连用 4~6 天（海水鱼类相同）		投喂时常与黄芩、黄柏合用（三者比例为5:2:3）
黄芩 raikai skullcap	用于防治细菌性肠炎、烂鳃、赤皮、出血病	拌饵投喂：2~4 克/千克体重，连用 4~6 天（海水鱼类相同）		投喂时需与大黄、黄柏合用（三者比例为2:5:3）
黄柏 amur corktree	用于防治细菌性肠炎、出血	拌饵投喂：3~6 克/千克体重，连用 4~6 天（海水鱼类相同）		投喂时需与大黄、黄芩合用（三者比例为3:5:2）
五倍子 chinese sumac	用于防治细菌性烂鳃、赤皮、白皮、疖疮	全池泼洒：2~4 毫克/升（海水鱼类相同）		
穿心莲 common andrographis	用于防治细菌性肠炎、烂鳃、赤皮	全池泼洒：15~20 毫克/升拌饵投喂：10~20 克/千克体重，连用 4~6 天		
苦参 lightyellow sophora	用于防治细菌性肠炎，竖鳞	全池泼洒：1~1.5 毫克/升拌饵投喂：1~2 克/活体重，连用 4~6 天		

续表

渔药名称	用途	用法与用量	休药期（天）	注意事项
土霉素 oxytetracycline	用于治疗肠炎病、弧菌病	拌饵投喂：50~80 毫克/千克体重，连用 4~6 天（海水鱼类相同，虾类：50~80 毫克/活体重，连用 5~10 天）	≥ 30（鳗鲡） ≥ 21（鲶鱼）	勿与铝、镁离子及卤素、碳酸氢钠、凝胶合用
噁喹酸 oxolinic acid	用于治疗细菌性肠炎病、赤鳍病，香鱼、对虾弧菌病，鲈鱼结节病，鲱鱼疖疮病	拌饵投喂：10~30 毫克/千克体重，连用 5~7 天（海水鱼类：1~20 毫克/千克体重；对虾：6~60 毫克/千克体重，连用 5 天）	≥ 25（鳗鲡） ≥ 21（鲤鱼、香鱼） ≥ 16（其他鱼类）	用药量视不同的疾病有所增减
磺胺嘧啶（磺胺哒嗪）sulfadiazine	用于治疗鲤科鱼类的赤皮病、肠炎病，海水鱼链球菌病	拌饵投喂：100 毫克/千克体重，连用 5 天（海水鱼类相同）		1. 与甲氧苄氨嘧啶（TMP）同用，可产生增效作用； 2. 第一天药量加倍
磺胺甲噁唑（新诺明、新明磺）sulfamethoxazole	用于治疗鲤科鱼类的肠炎病	拌饵投喂：100 毫克/千克体重，连用 5~7 天	≥30	1. 不能与酸性药物同用； 2. 与甲氧苄氨嘧啶（TMP）同用，可产生增效作用； 3. 第一天药量加倍
磺胺间甲氧嘧啶（制菌磺、磺胺-6-甲氧嘧啶）sulfamonomethoxine	用于治疗鲤科鱼类的竖鳞病、赤皮病及弧菌病	拌饵投喂：50~100 毫克/千克体重，连用 4~6 天	≥ 37（鳗鲡）	1. 与甲氧苄氨嘧啶（TMP）同用，可产生增效作用； 2. 第一天药量加倍

渔药名称	用途	用法与用量	休药期（天）	注意事项
氟苯尼考 florfenicol	用于治疗鳗鲡爱德华氏病、赤鳍病	拌饵投喂：每天10毫克/千克体重，连用4~6天	≥7（鳗鲡）	
聚维酮碘（聚乙烯吡咯烷酮碘、皮维碘、PVP－I、伏碘）（有效碘1.0%）povidone-iodine	用于防治细菌性烂鳃病、弧菌病、鳗鲡红头病。并可用于预防病毒病：如草鱼出血病、传染性胰腺坏死病、传染性造血组织坏死病、病毒性出血败血症	全池泼洒：海、淡水幼鱼、幼虾：0.2~0.5毫克/升。海、淡水成鱼、成虾：1~2毫克/升。鳗鲡：2~4毫克/升。浸浴：草鱼种：30毫克/升，15~20分钟。鱼卵：30~50毫克/升（海水鱼卵：25~30毫克/升），5~15分钟		1. 勿与金属物品接触；2. 勿与季铵盐类消毒剂直接混合使用

注1：用法与用量栏未标明海水鱼类与虾类的均适用于淡水鱼类。

　2：休药期为强制性。

（2）禁用兽药清单

严禁使用高毒、高残留或具有三致毒性（致癌、致畸、致突变）的兽药。严禁使用对水域环境有严重破坏而又难以修复的兽药，严禁直接向养殖水域泼洒抗菌素，严禁将新近开发的人用新药作为兽药的主要或次要成分。严禁使用原料药。禁用兽药有32种，清单见表19.5。

表19.5　食品动物禁用的兽药及其他化合物清单

序号	兽药及其他化合物名称	禁止用途	禁用动物
1	兴奋剂类：克仑特罗、沙丁胺醇、西马特罗及其盐、酯及制剂	所有用途	所有食品动物

续表

序号	兽药及其他化合物名称	禁止用途	禁用动物
2	激素类：醋酸甲孕酮、玉米赤霉醇、去甲雄三烯醇酮及制剂；己烯雌酚 甲基睾丸酮、丙酸睾酮、苯丙酸诺龙、苯甲酸雌二醇及其盐、酯及制剂、群勃龙（孕三烯酮）	所有用途 促生长	所有食品动物
3	抗生素、合成抗菌药：氯霉素（包括：琥珀氯霉素）、红霉素、杆菌肽锌（枯草菌肽）、泰乐菌素、阿伏霉素（阿伏帕星）、万古霉素及其盐、酯及制剂；头孢哌酮、头孢噻肟、头孢曲松（头孢三嗪）、头孢噻吩、头孢拉啶、头孢唑啉、头孢噻啶、罗红霉素、克拉霉素、阿奇霉素、磷霉素、硫酸奈替米星、氟罗沙星、司帕沙星、甲替沙星、克林霉素（氯林可霉素、氯洁霉素）、妥布霉素、胍哌甲基四环素、盐酸甲烯土霉素（美他环素）、两性霉素、利福霉素等及其盐、酯及单、复方制剂	所有用途	所有食品动物
4	农药：井冈霉素、浏阳霉素、赤霉素及其盐、酯及单、复方制剂	所有用途	所有食品动物
5	硝基呋喃类：呋喃唑酮（痢特灵）、呋喃它酮、呋喃西林（呋喃新）、呋喃妥因、呋喃苯烯酸钠、呋喃那斯及制剂	所有用途	所有食品动物
6	硝基化合物类：硝基酚钠、硝呋烯腙及制剂	所有用途	所有食品动物
7	杀虫药类：林丹（丙体六六六）、毒杀芬（氯化烯）、呋喃丹（克百威）、杀虫脒（克死螨）、双甲脒、滴滴涕、酒石酸锑钾、锥虫胂胺、五氯酚酰钠、地虫硫磷、氟氯氰菊酯、氟氰戊菊酯、速达肥（苯硫哒唑氨基甲酯）	杀虫剂、清塘剂	所有食品动物
8	孔雀石绿	抗菌、杀虫剂	所有食品动物

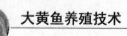

续表

序号	兽药及其他化合物名称	禁止用途	禁用动物
9	汞制剂类：氯化亚汞（甘汞）、硝酸亚汞、醋酸汞、吡啶基醋酸汞	杀虫剂	所有食品动物
10	催眠、镇静类：氯丙嗪、地西泮（安定）、安眠酮及其盐、酯及制剂	促生长	所有食品动物
11	硝基咪唑类：甲硝唑、替硝唑、地美硝唑、罗硝唑（洛硝达唑）及其盐、酯及制剂	促生长	所有食品动物
12	磺胺类：磺胺噻唑（消治龙）、磺胺脒（磺胺胍）	所有用途	所有食品动物
13	其他合成抗菌剂：环丙沙星、洛美沙星、培氟沙星、氧氟沙星、诺氟沙星（喹诺酮类）、卡巴氧（喹噁啉类）、喹乙醇、氨苯砜及其盐、酯、制剂	所有用途	所有食品动物
14	抗病毒药物：金刚烷胺、金刚乙胺、阿昔洛韦、吗啉（双）胍（病毒灵）、利巴韦林等及其盐、酯及单、复方制剂	所有用途	所有食品动物
15	解热镇痛类等其他药物：双嘧达莫（dipyridamole 预防血栓栓塞性疾病）、聚肌胞、氟胞嘧啶、代森铵（农用杀菌剂）、磷酸伯氨喹、磷酸氯喹（抗疟药）、异噻唑啉酮（防腐杀菌）、盐酸地酚诺酯（解热镇痛）、盐酸溴己新（祛痰）、西咪替丁（抑制人胃酸分泌）、盐酸甲氧氯普胺、甲氧氯普胺（盐酸胃复安）、比沙可啶（bisacodyl 泻药）、二羟丙茶碱（平喘药）、白细胞介素-2、别嘌醇、多抗甲素（α-甘露聚糖肽）等及其盐、酯及制剂	所有用途	所有食品动物
16	复方制剂：注射用的抗生素与安乃近、氟喹诺酮类等化学合成药物的复方制剂；镇静类药物与解热镇痛药等治疗药物组成的复方制剂	所有用途	所有食品动物

附录

附录 1　比重与盐度的换算表

比重	盐度（‰）	比重	盐度（‰）	比重	盐度（‰）
1.001 5	2	1.014 1	18.44	1.023 9	31.26
1.001 6	2.03	1.015 2	19.89	1.024 4	31.98
1.002	2.56	1.016	20.97	1.025	32.74
1.003	3.87	1.017 1	22.41	1.025 4	33.26
1.004	5.17	1.018 2	23.86	1.026	34.04
1.005	6.49	1.018 5	24.22	1.026 5	34.7
1.006	7.79	1.019 5	25.48	1.027 1	35.35
1.007	9.11	1.02	26.2	1.028	36.65
1.008 1	10.42	1.021 1	27.65	1.028 5	37.3
1.009	11.73	1.021 5	28.19	1.029	37.95
1.01	12.85	1.022 2	29.09	1.029 5	38.6
1.011 5	15.01	1.022 9	29.97	1.030 5	39.9
1.013	17	1.023 5	30.72	1.031 5	41.2

大黄鱼养殖技术

在不同温度下，海水比重与盐度的计算公式：

水温高于 17.5℃时：S（‰）1 305（比重-1）+（t-17.5）×0.3

水温低于 17.5℃时：S（‰）1 305（比重-1）-（17.5-t）×0.2

附录 2 硅藻、金藻和绿藻常用的培养液配方

表 1 硅藻类培养液

培养液名称	培养液配方		用途
三角褐指藻、新月菱形藻培养液（配方1）	硫酸铵 [（NH$_4$）$_2$SO$_4$] 或硝酸铵（NH$_4$NO$_3$）	30 毫克	适用于培养三角褐指藻、新月菱形藻
	过磷酸钙发酵尿液	3 毫升	
	柠檬酸铁（FeC$_6$H$_5$O$_7$）	0.5 毫克	
	海水	1 000 毫升	
三角褐指藻、新月菱形藻培养液（配方2）	硝酸铵（NH$_4$NO$_3$）	30~50 毫克	适用于培养三角褐指藻、新月菱形藻
	磷酸二氢钾（KH$_2$PO$_4$）	3~5 毫克	
	柠檬酸铁铵 [Fe（NH$_4$）$_3$（C$_6$H$_5$O$_7$）$_2$]	0.5~1.0 毫克	
	硅酸钾（K$_2$SiO$_3$）	20 毫克	
	海水	1 000 毫升	
角毛藻培养液	硝酸铵（NH$_4$NO$_3$）	5~20 毫克	适用于培养角毛藻
	磷酸二氢钾（KH$_2$PO$_4$）	0.5~10 毫克	
	柠檬酸铁（FeC$_6$H$_5$O$_7$）	0.5~2.0 毫克	
	海水	1 000 毫升	

表 2　金藻类培养液

培养液名称	培养液配方		用途
E-S 培养液	硝酸铵（NH_4NO_3）	120 毫克	培养等鞭金藻 3011
	磷酸二氢钾（KH_2PO_4）	1 毫克	
	土壤抽取液 I	50 毫升	
	海水	1 000 毫升	
等鞭金藻 8701 培养液	硝酸铵（$NaNO_3$）	30 毫克	培养等鞭金藻 8701
	尿素（NH_2CONH_2）	15 毫克	
	磷酸二氢钾（KH_2PO_4）	6 毫克	
	柠檬酸铁（$FeC_6H_5O_7$）	0.5 毫克	
	维生素 B_1	0.1 毫升	
	维生素 B_{12}	0.000 5 毫升	
	海水	1 000 毫升	
生产上用金藻培养液	硝酸铵（NH_4NO_3）	60 克	生产性培养金藻用培养液，适合于所有金藻类
	磷酸二氢钾（KH_2PO_4）	4 克	
	柠檬酸铁（$FeC_6H_5O_7$）	0.5 克	
	维生素 B_1	0.1 克	
	维生素 B_{12}	0.5 克	
	海水	1 立方米	

表 3　绿藻类培养液

培养液名称	培养液配方		用途
绿藻培养液	硝酸铵（NH_4NO_3）	50~100 毫克	每立方藻液添加 10~20 毫升海泥抽取液
	磷酸二氢钾（KH_2PO_4）	5 毫克	
	柠檬酸铁（$FeC_6H_5O_7$）	0.1~0.5 毫克	
	海水	1 000 毫升	
生产上用绿藻培养液	硝酸钠（$NaNO_3$）	60 克	适合于扁藻的生产性培养
	磷酸二氢钾（KH_2PO_4）	4 克	
	柠檬酸铁（$FeC_6H_5O_7$）	0.5 克	
	海水	1 立方米